遇见智识与思想

新

悦

本书获得 2017 年"科普文学奖"（2017 Science Book Award）

该奖项由"五渔村学会"（"5 Terre Academy"）主办，"利古里亚海洋科技财团责任有限公司"（DLTM: Distretto Ligure delle Tecnologie Marine）协办，拉斯佩齐亚市政（Comune della Spezia）资助。

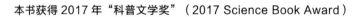

魔法学徒的
神奇花园

植物、灵感与仿生

Erba volant
Imparare l'innovazione dalle piante

〔意〕雷纳托·布吕尼 — 著
（Renato Bruni）

石豆　张媛 — 译

中国社会科学出版社

图字：01-2017-7011号

图书在版编目（CIP）数据

魔法学徒的神奇花园：植物、灵感与仿生 /（意）
雷纳托·布吕尼著；石豆等译. -- 北京：中国社会科
学出版社，2019.6
书名原文：Erba volant: Imparare l'innovazione
dalle piante
ISBN 978-7-5203-4418-0

Ⅰ. ①魔… Ⅱ. ①雷… ②石… Ⅲ. ①植物学—普及
读物 Ⅳ. ①Q94-49

中国版本图书馆CIP数据核字(2019)第090882号

出 版 人	赵剑英	
项目统筹	侯苗苗	
责任编辑	侯苗苗	高雪雯
责任校对	王佳玉	
责任印制	王 超	

出 版	中国社会科学出版社
社 址	北京鼓楼西大街甲 158 号
邮 编	100720
网 址	http:// www.csspw.cn
发 行 部	010-84083685
门 市 部	010-84029450
经 销	新华书店及其他书店

印刷装订	环球东方（北京）印务有限公司
版 次	2019 年 6 月第 1 版
印 次	2019 年 6 月第 1 次印刷

开 本	880×1230 1/32
印 张	9
字 数	181 千字
定 价	62.00 元

凡购买中国社会科学出版社图书，如有质量问题请与本社营销中心联系调换
电话：010-84083683

使用手册

对自然的好奇与对环境的探索，已经不再属于我们看重的事物之列。在时代精神、经济危机和意识形态的共同影响下，发现的乐趣已被封存在知识的角落，人们只是用它在桌游中打败朋友、编辑《神秘周刊》[1]短文、转发骗取点击量的网络段子或丑闻。在当前世界，科技已渗透到生活的各个角落，在学校教育和集体想象中，"知识"已经变成一种几乎是可鄙的、无用的、可替代的东西，甚至可能被认为无法构成真正的学问。而学问似乎只有运用在能够即刻带来成果（经济、社会、物质）的项目中，才能享受到世人的认可与尊重。而至于对自然的探索，似乎只能出现在电视问答节目中。

但仅在 50 年前，情况还不完全如此。"对于那些想学习设计的年轻人，我会对他们说，去街道和草地上散散步，去看看这个世界

---

[1] 《神秘周刊》(*La Settimana Enigmistica*)，意大利著名字谜杂志周刊。自 1932 年以来在意大利出版，并在其他欧洲国家发行。——译者注

是怎样构成的，想法和创意全在那里，只要善于从中获取。"这是阿基莱·卡斯蒂廖尼[1]（Achille Castiglioni）关于如何寻找工业设计灵感的箴言之一。工业设计这门学科关注构思和设计一系列实用产品，并综合考虑近年来兴起的生产可持续性和环保理念，以美观的外形、实用的功能为基础，创造好用、耐用的产品。卡斯蒂廖尼为意大利的工业设计带来了成功的线条、造型和思想。事实上，他代表了人们对70年代的想象（他设计的一些物件在现代古董爱好者中，依旧散发着永恒的光辉）。于他而言，大自然就是他的智库。

　　我不知道卡斯蒂廖尼何时说的那句话，但人们一定能由此联想到两位名人，两位对立的启发者——伯尔纳铎·迪·基亚拉瓦莱[2]（Bernardo di Chiaravalle）和乔治·德·梅斯特拉尔[3]（George de Mestral）。前者是中世纪的本笃会修士，他最有名的箴言，尽管不是出于和卡斯蒂廖尼一样的实用目的，并且与地球生命进化的规律也没有关联，而是出于神学目的，却似乎传达了同样的教导："你在树林里发现的，会比你在书中发现的更多。树木和岩石能教给你

---

[1]　阿基莱·卡斯蒂廖尼（1918.02.16—2002.12.02），意大利著名建筑师、设计师，出生于米兰。——译者注

[2]　伯尔纳铎·迪·基亚拉瓦莱（Bernardo di Chiaravalle，1090—1153），天主教本笃会修士。修道改革运动的杰出领袖，被尊为中世纪神秘主义之父，也是极其出色的灵修文学作家。——译者注

[3]　乔治·德·梅斯特拉尔（1906.06.19—1990.02.08），瑞士电气工程师。他发明了尼龙搭扣，也叫作魔术贴。——译者注

任何老师都不会讲授的内容。"不要去找那些跟你拥有相同思维模式的人，而是要到大自然中去寻找新鲜事物，因为大自然的引擎与你的不同，从而会产生有益的结果。

第二个启发要追溯到1955年，一个十分接近当今物质主义社会的年份。这一年，工程师梅斯特拉尔通过细致观察大自然，将他的发现转化并付诸实践，进而发明了第一个成功的工业产品——尼龙搭扣（Velcro）。它的故事已经广为流传，乔治·德·梅斯特拉尔和他的狗一起探索树林的经历——发现植物会"选择"动物绒毛作为播撒种子的媒介——启发了一种全新产品的诞生。[1]尼龙搭扣由钩子和扣眼两部分构成，既可以粘在一起，也可以打开，分别模仿了牛蒡头状花序有钩的苞片和动物的绒毛。

在发明者和设计者的世界（他们都渴望获得可持续的、有效的新工业方案），卡斯蒂廖尼和伯尔纳铎的箴言，以及梅斯特拉尔的例子，在最近十年才开始产生影响力。在缩减设计成本和控制环境影响的创新需求驱动下，设计师、工程师、发明家以及许多公司，对受到自然启发方案的研究给予了更高的重视，从而促成了一门新

---

[1]　尼龙搭扣的故事不是逸事。"维克罗"（Velcro）是一家跨国公司，目前拥有超过2000名职员。把从自然中获得的启发转变成坚实的产业，这是一个极好的例证。

学科的诞生——仿生学。[1] 仿生学的目标在于研究进化的结果，将自然选择塑造的策略运用到实践中，以保障人类高效、持久、可持续的创新。在仿生学中，自然不再是一个简单的美学启发模型，而是一个功能指南，这些功能是在一个叫作"进化"的巨大实验室中被塑造出来的。38 亿年来，进化在实地测试最佳的形态、材料、策略和模式，以应对各种不同的复杂状况。

简而言之，仿生学以从其他生物那里获得的发现和知识为基础，设计对人类有用、对生存环境更友好的新材料、新产品和新结构。但是，求助于大自然并不意味着简单的"复制"（生物结构通常极其复杂，以至于难以通过经济上可持续的方式去复制），而是通过研究和理解某些机制、结构和生物功能，将它们转化成人们使用的产品。仿生学为人们提供创造灵感，但这些灵感需要二次加工。

为了更好地生存，人类需要通过发明来创造。想要做到这一点，人们要记住，"创造的源泉不是天赋，而是知识"[2]。与人类社会相反，大自然不是在发明，而是在没有目标和计划的情况下进行创造。

---

[1] 与仿生学相关的专利、论文和投资从 21 世纪初开始增长了 5—6 倍，仅 2012 年的增长率就达到 24%。据估计，2013 年全球范围内与仿生学相关的产值将达到 1 万亿—2 万亿美元，所节省的资源和避免的环境影响折合约 5000 亿美元。（数据来源：Fermanian Business & Economic Institute, 2013. ）

[2] Riccardo Falcinelli, *Critica Portatile Al Visual Design*, Einaudi, Torino 2014.

大自然进化的动力，并不是在小桌子上进行的发明或设计，而是数字、运气、持续的实验，以及不断更新的、更符合当下需求的方案。彻底忽视这一永无止境的头脑风暴是傲慢的。至少在医药这一特定领域，对仿生学的运用并不是新鲜事。现代人不断利用植物和微生物的化学"发明"，从分子层面研究它们，并把它们作为改进药物的基础。抗生素、精神药物、抗寄生虫药、退烧药、抗癌药……这些"再创造的模仿"，极大地延长了人类寿命，并提高了人类生命质量。

在从仿生学视角研究植物分子之前，人们就已经发现了它们的药用价值，或通过细致观察自然界某些植物的表现，或通过重新发现那些被遗忘的知识。在研究柳树传统的药用方法时，人们发现了水杨酸的温和疗效特性。在此基础上，人们研制出了阿司匹林中最有效的成分——乙酰水杨酸，这一创造与梅斯特拉尔发明尼龙搭扣的影响力相当。近几十年来，保护生物多样性运动和医药基础研究运动兴起，因为它们事关我们人类的健康。由于人类活动造成了微生物、昆虫、植物和动物灭绝，以及学界缺乏对动植物形态学和功能研究的关注，导致无法研发治愈身体和精神新老疾病的药物，对此的批评质疑声不绝于耳。

我们慢慢意识到，由于生物多样性逐渐降低，人们对自然的好奇心减弱，还会有更多其他的东西消失。鉴于植物与人类的进化轨迹和生理需求完全不同，它们发展出了我们无法想象且差异巨大的生存适应策略。除医药领域外，植物对于创新贡献的潜力是巨大的，此外，它们对于保持生物多样性的价值不可估量。植物在进化中发展出的策略，是为了在动态环境中获得成功。因此，它们必然考虑到了系统的复杂性。这些策略不是分解主要问题的产物，不是运用简化模型的结果，也不是为了适应现实环境而进行后续人为重组的成果。因为这样做会不可避免地带来局限，从而损害可持续性或系统功能。在仿生学中，创意源自真实环境，它考虑到所有涉及变量，因此是整体论性质的。

以大自然为范本的做法，近年来给人们带来了许多礼物。例如，像鲨鱼皮一样的防菌表面，像翠鸟一样的流线形火车；在蜜蜂社会活动的启发下，人们推演出了能够更高效利用资源的算法；人们模仿蜻蜓和蟑螂，设计出了无人机。大自然的启发加速了设计，降低了成本，给予了人们比仅来自人类天才设想更好的结果。

植物王国正在贡献它的力量。但在日常生活的许多领域中，我们似乎对植物患上了色盲症，以至于感知力被麻痹，使我们无法注意并评价它们的用处和功能。对植物王国的探索，能够帮助我们找到大量有效的、可持续的方案，其中包括净化水和空气、制造润滑剂、征服想象中的地外星球、生产透气材料和自净材料、从雨滴中收集能量、开展市场宣传、无须冷冻保存疫苗，等等。[1] 植物无私地转让它们的知识，我们只需走向草地、农田和树林，用正确的眼光去看、去发现，去抓住那些已经呈现在眼前的答案。

[1] 在 1985—2005 年的 20 年间，明显受到自然启发而诞生的专利比先前几十年增长了 93 倍，约为同时期全球颁发专利增长速度的 3 倍。

目　录

引　言

魔法学徒走马上任

传说所罗门王能跟四足动物、鸟类、鱼虫等所有动物对话，而我能跟植物交谈，虽然不是所有植物，这一点我承认比不上他。但我无须戴上魔法戒指，就能跟一些熟悉的植物对话。这样看来，我觉得我比所罗门王厉害，因为离了戒指，他甚至无法听懂自家狗的语言。

我并不打算像所罗门那样浪费他的天赋。另外，植物也不会告诉我，我那些不存在的 999 个妻子的脑子里都在想谁。[1] 然而，能在工作上助我一臂之力的不是妻子，而是植物。我采访它们，征求它们的意见，向它们发问。它们为我提供灵感，让我能够跳出人类生活中大大小小、真真假假的问题，找到解决方案。可能因为植物

[1]　传说，所罗门王能够借助魔戒与动物交流。一天，一只鸟告诉他，他的妻子背叛了他。他一怒之下，把戒指扔了。——译者注

比人类更好相处，它们更加坦诚，意图也更清楚，因此我们能够相互理解。尽管它们的生活表面上很平静，但实际上却充满无情的竞争。它们不是机会主义者，也不会怀有偏见。此外，它们乐于分享在进化过程中，为应对生存问题而发展出的策略，不带傲慢，不带迟疑，也不收取专利费。它们在我们出现之前很久就生活在这个星球上了，几百万年来，成功参与了这个星球的历史。在进化这个永恒的、最大的实验中，经历重重考验，不断检验、修改得到的结果，这让它们最终发展出了不同的形态、功能、材料和策略。如此巨大规模的实验，让人们不得不从拉丁语词源来思考"Collaudo"（检验）的含义，即无止境的进化和在所有最极端的环境中无止境的测试，共同结下了艺术品般的最美果实。

　　我就职的公司向有需要的人出售创意，无论是工业、商业，还是战略方面的。我的任务是在这个星球上找到可用的创意，灵感源头是在进化驱动下进行的最伟大的、不自觉的且无止境的产品测试。为什么是不自觉的？因为植物并不知道自己在做什么。当与我交谈时，它们把答案展示给我，就好像这些答案是它们刚刚见到的。它们会回顾过去，找到与祖先相比不同的地方，但它们并不知道自己的后代将会走向何方。因为不存在一个意图、一项计划、一个提前制定好的方向，存在的只有随机尝试。所有植物一起，用数不尽的方法，来解决当下需求。

　　结果，一个巨大的植物"群众外包"[1]工程诞生了：其中一些策略会失败并消失，另一些则经受住了自然选择的考验得以保存。它们将在新的需求下，迎来进一步修改和完善。为什么选择植物？因为与动物不同，它们具有星辰般的多样性。在漫长的进化长河中，植物在黑暗中摸索，这赋予了它们在形态、策略、分子结构和生存机制上的优势。而这一切是人类仅凭自身想象所无法达到的，或者说，人类有时也能达到，但需要经历长年累月的工作，投入大量金钱，再加上无数工程师和科学家绞尽脑汁、历经无数次失败后才能做到。

　　当别人问及我的工作意义时，我会反复告诉他们，通常在不自觉的情况下，人类的想象力仅限于复制大自然已经做到的事情。你们想到的物理工程、机械系统或复杂策略，植物王国和自然选择已经做得日臻完善，并且很有可能是通过最低限度的环境影响实现的。可持续性是当前的热门话题，植物通常能够以最小的资源消耗获得想要的结果，我们迟早应当向它们学习运用综合性系统，而不是点状补丁。当然，从获得创意到在材料上实现的过程不是自动发生的，我们也没说有成熟的果实等待摘取，只要坐享其成就好。我们谈论的是有待塑造的想法，能够帮助降低设计成本的创意。混音

---

[1]　群众外包（Crowdsourcing），是一种特定的获取资源的模式。这种模式下，个人或组织可以利用大量的网络用户来获取需要的服务和想法。——译者注

的基础已经备好，朗朗上口、易于传唱，只待 DJ 上台施展创造才华。

植物为了生存不得不改进已有策略以征服土地，无论是最肥沃的地区，还是由于干旱、光照、温度、竞争导致的最不适宜生存的贫瘠之地。它们不会说话，没有肌肉，却找到了协作方式，为了交流，也为了斗争。事实上，它们白手起家，因为它们拥有的，只有空气、水以及少量矿物质盐分，但它们却能使一切循环起来，制造出闭环系统。这些系统在风险管理和资源配置方面的效率，会让工程师和经济学家感到嫉妒。[1] 植物比我们更出色，对于这一论断，我不接受反驳，请大家原谅我的偏见。在那些困扰现代人的难题上，植物都找到了可持续的应对策略，对于所有这一切，本应去复制它们，但我们却固执己见。

当然，想要攫取植物的秘密，只需与它们的波长保持一致，而我通过某种方式找到了正确的频率。利用这个共鸣，我在一家未来主义"童子军"公司中承担猎头工作。在那些奇怪的地方，在还没有被神经元吸尘器和知识粉碎机挖掘的地方，公司测探、寻找新思想，并将其出售给第三方。我的办公室是一个奇特的存在，它是植

---

[1] "生命循环评定"（Il Life Cycle Assessment）在评估一项新的人类活动影响时，会考虑到这些活动与环境之间所有的相互影响。这是一套依照 ISO（国家标准化组织）标准制定的系统，包括对原料、生产、运输、使用和回收的管理。某种意义上，这套系统想要复制植物的自然闭环循环运动。因为在植物的新陈代谢过程中，已演化出了能够把每一项浪费最小化的系统。

物园，也是马洛式[1]的私人侦探所。我椅子上放的不是靠枕，而是花瓶，这就是魔法学徒的小破屋。前来光顾的是奇特的植物，以及它们带来的同样奇怪的创意。当然，还有定期来参观的企业家，他们为公司寻找新的灵感。同事把我的部门称为"植物创新研究所"（Agenzia Erba Volant[2]），一方面，是因为当我跟植物交谈时，我的话语飞翔在空中，却看不见对话者；另一方面，是因为我的办公室像一个临时工的安置所。

　　就职时，我跟上司的会面内容极富启发性。我的职责和他的期待，用企业的俚语来说，与一项特殊的"mission"有关。"您得给我们找到新鲜的东西，那些原创性的、竞争对手还没发现的东西，您明白我的意思吗？我们的客户都是重要的公司，您得确保找到的东西总是可靠的，最好是经过验证的。我们需要那些在大多数人眼中显而易见，却又视而不见的东西，就是处于'临界线'上，只需改变应用场景，就能转移并出售的东西。您尽管去任何地方寻找，

---

[1]　菲利普·马洛（Philip Marlowe），美国推理小说家雷蒙德·钱德勒笔下的人物，职业是私家侦探。

[2]　本书标题以及此处研究所名称"Erba volant"是作者设置的文字双关游戏，字面含义为"飞翔的植物"，与一个著名拉丁语谚语"Verba volant, scripta manent"（字面含义为"话语会飞走，文字会留下"）前半句相呼应，因为意大利语"Erba"（草，代指植物）与拉丁语"Verba"（话语）词形相近。由于文化差异，翻译成中文后双关效果消失，与作者沟通后采取意译，才有了书名《魔法学徒的神奇花园》和此处的"植物创新研究所"。

但我们不要非专业人士，我们不能因为一个自认为是上帝的疯子而失去一个客户。您可以尽情表演杂技，只要能带回成果。但您要知道，如果您秋千荡得过高摔着了，我们可不支付正骨师的费用。"

那什么才是这个地球上，由自然选择带来、隐藏在植物之中、经过反复验证且又处于"临界线"上的成果呢？这些我们每天都能看见，但除了把它们当作背景之外，却看不出门道的东西又是什么呢？这一切"只需"把需求和供给结合起来，找到一个拥有强烈共情能力和专业技能的中间人。我就是这个中间人，而我的工作就是一项美妙的平衡术练习。我在植物王国建立起来的关系网，总是能够把我从马戏团的地板上救起来，即使在客户提出十分怪诞的要求时也不例外。

第一章

征服宇宙

我接到的第一项任务，难度就堪比托尼马戏团[1]的原地单脚尖三连转表演——客户想要征服宇宙。这位客户正为轨道望远镜发现了"可居住的"地外星球感到振奋，他想要寻找有效系统，把生命播撒到这些表面看似可生存的石头上。这些星球就好像宇宙中因年久失修而被遗弃的破烂房间，只需等待粉刷上氧气层，就能卖给最好的买家。

客户尤其想要那些能不借助动物，自行播撒种子和花粉的生命体。谁也不知道在其他星系可居住的星球上生存着什么样的动物群，所以最好还是借助自身力量，或是物理力量，此外，谁也不知道我们的植物会遭遇怎样的竞争对手。植物征服领地的能力、适应不同气候的能力，以及融入已被其他物种占据的领地的能力，是与播撒种子、孢子或花粉的能力相互交织的，或至少是部分相互交织的。因此，研究计划很早就已经定好了，即找到征服过一颗荒芜星球的人，分解他们的思想，从史前历史开始研究，看他们如何在没有他人帮助的情况下，在这个星球上争取资源和生存空间。这些人在前线做着脏活累活，一米一米地征服未知土地，赶走早于他们到来的竞争对手，此外，他们还给大气充氧，为其他住户创造生存条件。

总之，我需要找到地球上最有征服能力的植物。作为一个寻找

[1] 托尼马戏团（Circo Togni），意大利著名马戏团，1872 年由阿里斯蒂德·托尼（Aristide Togni）成立。　　译者注

创意的临时跑腿人，我立即投入工作。我在草地、森林、菜园和花园中游走，面试树木、花草、海藻、菌类和苔藓，为了找到一个能跟我签下合同，并且无须隔着星际轨道，就能在他屁股上踢上一脚的雇员。

第一步，准备一则招聘启事，内容大致如下：

考虑到未来在新兴市场的扩张，著名宇宙航空公司邀请应用型研究员，开展"地球化"[1]工程，研发推进系统、运载器，以及其他创新设备和工具，以实现运载有能力的生命体去征服地外星球的目标。

招聘规定，最具前景的创意会被纳入一项大规模计划中，如果实现技术突破，能够获得技术、司法、金融方面的支持。应聘者需要有该领域的工作经验和真实的技术应用成果，并且能够实地论证。此外，应聘者要有强大的独立解决问题能力，并善于创新和创造。

筛选出的创意会被纳入头脑风暴会议，该会议旨在促进目前正在开展的活动，以及未来可能的宇宙征服计划。此外，不排除最有能力的候选人直接参与空间活动的可能性。

---

[1] 地球化（Terraforming），是设想中人为改变天体表面环境，使其气候、温度、生态类似地球环境的行星工程。——译者注

瞄准高处的小家伙

率先露面的是苔藓，它发来了邮件。简单愉快的话语，透露出它的坚定与真诚。作为老派殖民者，它袒露了自己为何适合这项工作：

尊敬的博士，

我是泥炭藓属的代表。几百万年来，与大约300名同事一起，我们致力于征服这个星球，是这个领域的领军者之一。我们运用的许多策略，并非我们个人的发明，而是偶然、意外与需求结合产下的果实。我认为比起传统的简历，一个非正式的自我介绍，能让您更好地了解我。

我们个头并不大，最多也只能长到4—5厘米高。因此，我们一直在改进播撒种子的系统，请原谅我可能并不准确的植物学术语。我们遵守传统，意思是，我们认为以阵发性的方式，发展我们的繁殖能力和与他人的关系系统是不合适的。以至于一些更年轻的对手认为，我们是守旧的、过气的，好像改善就意味着用新的、尚未验证的事物，来代替旧的，但运行良好的事物。但无论如何，我们是保守的，并且不太习惯于新鲜事和社交。我们喜欢孤独，就好像其他的不适合我们，而适合那些想要探索的人。

另一方面，如果数据准确的话，那我们选择传统做法是对的。我们占据了地球1%的土地，这意味着，我们凭借"过时"的系统，占据了超过150万平方公里的领土，这是一个可观的市场份额。许多更"先进"的对手占据着远比我们更多的土地，但给你们动物制造氧气的贡献却不如我们。

抱歉我离题了，说了竞争对手的坏话。但您比我更清楚，就进化而言，竞争是我们工作的灵魂，因为我们的征服建立在自然选择的规则之上。我们苔藓，出于需要，也是出于巧合，不喜欢生活在太多的外部帮助之下，这一点希望能够得到贵公司的赏识。如果想要征服未知领地，最好能够拥有完全的自主权，而不是寄希望于找到能与你结盟合作的人，或是找到能为你工作的雇佣兵，例如昆虫或其他动物。如果我们真能前往遥远星系中的星球，谁又知道能在上面发现什么呢。

作为聪明的殖民者，我们选择了自给自足。我们把传播孢子（正如大家所知，孢子是我们的种子和果实）的工作交给了气流。气流是十分经济的能量来源，在可能出现生命的地方无处不在。当人们处在最低层时，利用气流征服周围空间是受到限制的，因为如果没有特别贴地流动的气流，就很难获取动能。

气流属于第一阶层住户，而我们是第三阶层的工人，光合作用社会中的无产阶级。

如果您放过风筝或玩过纸飞机，就会十分清楚，不把它们往高处扔，升力就不足以使它们飞起来，因此就会掉落在脚面前。同样的道理也适用于一个内部充满空气的小球，它飞翔的距离也受到投掷高度的限制，从几米高的地方相比从一座摩天大楼的楼顶处起飞，飞翔距离会大不一样。因为个头微小，一开始，我们的孢子也只能在低处飞行。我们很艰难地征服了家里的菜园，后来就有了后代。我们和它们一起分享水源、阳光和营养，因为它们是紧挨着父母发芽的。

我又跑题了，或也不算跑题。请原谅我，我在这个星球上生活了几百万年，年纪大了。对于我那想要征服地球的祖先，它们的困境因此很早就确定了。它们的孢子只能落在周围的土地，飞到更远地方的可能性很小。后来，在我的一些祖先身上出现了一种有益突变[1]，使它们能以爆炸盘旋式的方法传播孢子。当然，这一结果是我的祖先在黑暗中严格地试探摸索才获得的，这个突变相当于给后代配备了具有高度弹道工程学科技含量的投射器。不仅如此，我们能把孢子投射到足够的高度，

---

[1] 突变，指细胞中的遗传基因发生永久的、可遗传的改变。

从而拦截上升气流。虽然气流仍是微弱的，但我们依然利用这股力量，把质量极轻的孢子带到了对于我们而言难以想象的遥远距离。我们通过发射炮弹的方式，把成千上万的孢子发射到数十公里外的地方。对于我们这些没有腿的小矮人而言，这并不是坏事，我可以跟您保证。所以，我们征服世界的原理很简单，对于你们人类来说也并不是秘密，虽然你们花了很长时间才明白。可能因为你们是远视眼，只能看到遥远的星球和新世界，却没有弄清楚你们生活的世界是如何运行的。你们应当向那些在你们鼻子和脚下生长的生命虚心学习。

请您再次原谅，我年纪大了。我们苔藓植物还未到达汤豪泽之门[1]，但在漫长的进化过程中，我们做到了你们人类没……算了，还是回到我们自己。我们储存孢子的舱室是橄榄球形的，上面盖着一个罩子。在阳光的照射下，表皮细胞的水分会透过被称为"假气孔"（其他人抄袭了我们这个系统，用于叶片的呼吸，但进化专利是我们的，这一点你们要知道）的干燥通道蒸发，直到细胞变成柱状。通过收缩，舱室表面的张力会加强，

---

[1]　"汤豪泽之门"（Tannhäuser Gates），出自美国电影《银翼杀手》（Blade Runner）中的一句台词 "I watched c-beams glitter in the dark near the Tannhäuser Gates." 电影中没有明确指出"汤豪泽之门"的含义，但根据猜测，应当是指宇宙中的某个星球。——译者注

直到柱体的罩子——蒴盖，像健达奇趣蛋那样张开，并以每小时 80 公里的速度把孢子射出；爆炸之后，孢子按照精确的动力学被垂直投射向空中，从而保证最大化地利用动能形成旋涡，突破弹道学限定的物理规则。

有时，这套装置甚至能让我们的垂直射程达到 20 厘米，一些人把它描述为气枪，但原理其实更为复杂。因为形成的旋涡就像原子弹蘑菇云，极大地扩展了实际射程。此外，释放的能量并不来自舱室内的压缩气体，而是在光照下，舱室内壁干燥收缩形成张力。因此是内部的压力变大，冲破舱室。当你们找到有着合适大气层的星球时，只要有一些微风和最基本的生存包，例如足够的水、二氧化碳、光线和适宜的温度，请您记得这些策略，并且叫上我们。我们已经为这个星球提供了你们所需的氧气，我们也能把这项技能应用到别处，并且不担心可能遇到的当地竞争对手。

站住，不然我就开枪了！

这个开头是令人振奋的。至少我隐约在地平线上，看到了一个能够提供给客户的方案，以平息他征服地外星球的狂热。接下来几周，我要向老板汇报工作，但我不会仓着手去。因为我的写字台已经被各种简历和奇怪的提议淹没了，日程表上排满了与植物王国中形态各异的征服者们的面试预约。它们都满怀激情，想要展示自己的爆炸系统、弹射系统和机械装置，以征服被其他竞争对手占据的肥沃领地。

我发现苔藓所面临的问题，其他更加精致的候选植物，也给出了不同的解决方案，比如既借助风力，也利用昆虫传播花粉。在这里发挥作用的不是猎枪，而是弓弩。在众多候选人中，速度最快的神射手是加拿大草茱萸（Cornus canadensis），一种花朵上带有弹射器的灌木。它能在半毫秒内射出花粉，是步枪子弹出膛时间的 1/3；初始加速度能达到 2400G，是航天飞机起飞时加速度的 3 倍；花粉颗粒能以 3 米每秒的速度飞行，飞行高度可达到花朵高度的 10 倍。根据技术参数表的描述，花粉位于花冠内部，通过一个小的丝带组织连接，花丝由于长得过大，弯曲成了弓形。读到上面内容时我在想，如果客户的团队中有一些工程师，那就没问题了。

虽然我已经搞清楚了爆炸性发散对于种子和孢子的用处，但是它如何作用于花粉，我还有些疑惑。前者的目标是从所在地到达远处，并且不借助明确的交通工具，比如昆虫。假设花粉颗粒需要通过风媒传播，它也不会从像加拿大草茱萸那样的弹射椅中获得特别的好处。尤其是，花朵的位置已经高出地面数米，对于植物来说，只需让花粉掉落，免费乘风滑翔。难道让花粉沾到昆虫的甲壳上还不够吗，为什么还要费力做无用功呢？我从一种红树属植物——角果木（Ceriops tagal）和一种南非植物——山香（Hyptis pauliana）（它是薄荷的近亲）那里找到了答案。

　　红树属植物成熟花朵的花瓣极轻但质硬，花瓣中保留着带有花药的花丝作为陷阱。在生长过程中，花丝积蓄着势能，就像张起的弓，随着花朵成熟，细微的碰撞，比如昆虫的摩擦、倚靠，或是风的吹拂，都会触发弓箭发射。如果昆虫在排泄期间碰到花朵，就会不可避免地沾上花粉颗粒；如果昆虫没来，风迟早也会引发爆炸，从而保证花粉借助强大的弹射力飞到远处，这一切得益于物理原理与花朵形态的完美结合。Plan B 适用于下面一种情况：假如由于各种原因，没有足够的昆虫给花朵授粉，这时只需略高于平均强度的风，就能把花粉投射到空中，传到同株其他花朵上，从而提高自花授粉 [1] 的可能性。虽然这种做法并不具有优势，但在没有更好的选择的情况下是可以接受的。

　　类似的机制也出现在由蜂鸟传粉的山香属（Hyptis）植物中。蜂鸟在吸食花蜜时，身体停留在空中，不会真正倚靠在花朵上，因此，除非花粉被直接发射到蜂鸟身上，否则它不会沾上花粉。这个原理就像弹簧捕鼠夹：支撑花药的花柱向下弯曲，并被下面的两片

---

[1]　自花授粉，指花粉传到同一植株花朵的柱头上进行授粉，区别于异花授粉，即不同植株的花朵之间的授粉。

龙骨花瓣挡住；当蜂鸟的舌头，或是长长的喙，触碰到花朵表面时，压力会使龙骨瓣打开；弯曲的花柱最内部的组织细胞富有弹性，花药因此被弹出，在几厘米之外形成花粉云，而这差不多是蜂鸟所在的位置，因此它不得不沾上花粉。雌蕊顶端的柱头暴露在外，并且更长，所以蜂鸟在吸食花蜜时，会不可避免地碰到它，从而完成传粉，给花朵之爱画上闭环。当然，弹射就像俄罗斯轮盘赌[1]那样，只需一下。但是，它只在正确的授粉者到来时才会触发，而体重更轻的昆虫来访时则不会。

虽然投掷系统形态各异，但通过研究堆在书桌上的材料，我隐约看见了一些共同点。在候选人提交的方案中，几乎所有系统都拥有一个与调节细胞膨压（即细胞中的含水量）相关的共同基础机制：第一，细胞中的水分会从最高值（水分增加）逐渐转到最低值（失水），这与花朵生长的节点精准对应；第二，它们几乎都有一个舱室，一个长角果或一个豆荚；第三，只有果实完全成熟时，才会干裂张开释放种子。果实干燥后组织会变得坚硬，伴随不同结构组织的更替，张力会随之变化，果实就会在脆弱的连接区域爆裂。连接

---

[1]　俄罗斯轮盘赌（Russian roulette），一种残忍的赌博游戏。规则如下：在左轮手枪的六个弹槽中放入一颗或多颗子弹，任意旋转转轮之后，关上转轮。游戏的参加者轮流把手枪对着自己的头，扣动扳机；中枪的当然是自动退出，怯场的也为输，坚持到最后的就是胜者。旁观的赌博者，则对参加者的性命压赌注。

区域的程序是预先设定好的，它们位于心皮[1]之间，先形成子房[2]，再形成干裂的果实。这一切都是果实内外压力变化造成的结果：果皮外壁随着水分蒸发，形成木质化坚硬区域；同时，果实内部组织形成以黏液为基础的柔韧区域。后者的纤维通常相互垂直，进而增强了弹性。

当张力超过一定值，这套机制就会触发弹射器，把静止状态下积累的势能，转化为动能传递给种子。当然，种子的重量和形态特点也要符合弹道学要求。实际上，种子重量很轻，但也不会太轻；同时，种子表面十分光滑（减小空气阻力），呈类圆形或椭圆形，就像八角（Illicium）的种子那样。正是在这种用来制作茴香酒的植物身上，我发现种子的发射效果增强了。这是因为包裹种子的U形坚韧木质化细胞，在不断干燥的过程中，会像弹簧那样不断被压缩，当最终到达临界值后，会释放出积累的势能。这一构造应当能引起材料工程师的兴趣。

上述原理在我接触的案例中普遍存在，极少有特例，但也并非没有。例如，鸟尾花（Crossandra infundibuliformis）的原理正好相反：它的果实首先变干燥，一旦嗅到一丝水分，果实就会爆裂。这是因

---

[1]　心皮，花的雌蕊的组成部分。一个雌蕊可由一个、两个或几个心皮组成。

[2]　子房，花的雌蕊下面膨大的部分，里面有胚珠。子房发育成果实，胚珠发育成种子。

为在外果皮上有两层细胞，其中一层的吸水性更强。几乎所有吸水性更强的组织都位于果实的内层。

候选人并非都来自异域，也有生长在家门口的植物。但所有候选人都需要接受细致的检查，因为它们提出的策略并不总能让我露脸。

例如小花碎米荠（Cardamine parviflora），在未经修整的草地或马路边都能找到它。这是一种十字花科植物，花朵是白色的，果实呈角果形。它的果实在干燥后会像鞭炮一样爆裂，从而把种子发射到远处。它在自荐信中仔细介绍了它的发射系统，尤其强调它能在5毫秒内完成弹射。但我还是不得不拒绝它的申请，因为，我知道它的系统是禁不住推敲的，几乎80%的种子都掉落在了发射台的斜坡上，并且果实组织积累的势能只有0.5%转化成了发射种子的动能。

这个效率可能足以战胜那些不具有这项弹道学发明的对手，却无法为它在第一梯队中赢得一席之地。可能还需要几千年的时间，它才能进化出对客户有用的性能和表现。但它的这套机制很有趣，因为只需最少的建筑学投入：一抹在心皮内部叶面的黏液，就能让心皮突然卷曲，像给丝带打蝴蝶结，使紧连心皮的种子获得飞翔的动能。与其说是爆裂，倒不如说它更像是弹弓弹射。

奥运会和杀手

还有许多其他申请人进一步完善了这套系统。吸水的柔韧组织与木质化或纤维化组织结合的弹射装置，在许多求职者的来信中被称赞过。

响盒子（Hura crepitans），正如它的名字那样，能够发出噼啪的响声，使它听起来像是一种火器。就像所有大戟科植物（Euforbiacee），它对射击场充满热情，有记录显示，它的射程超过40米。例如，博埃蒂大戟（Euphorbia boetica）能以每小时30公里的速度发射种子，并击中8米外的靶子。这得益于它的果实水分蒸发后收缩而获得的弹性，相当于人类把投掷物扔到30—40米外的距离。毛巴豆（Croton capitatus）则在投掷的角度上做足了功课。在弹道学中，想要以最大的能量击中目标，角度至关重要。

与大戟科植物类似的弹射器在其他香料中也能找到，它们进一步优化了这些装置，使其变成了真正的大炮。它们能把种子发射到离家很远的地方，并使种子合理分散，不会踩到彼此的脚。很明显，这形成了一种选择性优势：拥有这种能力的个体，逐渐取代了那些不具有这种能力的个体。

候选人你追我赶，展示着各自的才能。红刀豆（Canavalia

gladiata）因为在一次面试中突破了 6 米射程而感到兴奋；羊蹄甲（Bauhinia purpurea）对自己 15 米的成绩信心满满；苏木（Tetraberlinia moreliana）说它能够达到 60 米射程，但我现在还不清楚它说的是真的，还是夸夸其谈，只是为了给我留下深刻印象。当然，我不会忘记凤仙花（Impatiens capensis），在它的某些组织中，能够积蓄与弹性硬蛋白和特种钢材制作的弹簧相当的弹力。对于那些痴迷于新材料的客户而言（而且我相信他们迟早都会找上门来），他们肯定会对如何获得和复制类似的性能很感兴趣。

有些候选人看到了招聘启事中的另一个重大需求，即研发能够承担不同任务的多功能系统。当你在离家几光年之外的地方，一个万能的工具听起来会十分有吸引力。

其中一个有先见之明的征服者是芹叶牻牛儿苗（Erodium cicutarium），它是老鹳草的亲戚。它向我讲述了进化送给它的礼物，如何使它在开放的空间变得有竞争力，我对此十分欣赏。它的播撒装置建立在探出果实的花丝上。花丝的基座上包着两颗种子，当水分蒸发后，花丝会断成两部分。断裂释放的能量会让每一颗种子掉落在距离母株一米的地方。每一半断裂的花丝仍然连接着一颗种子，花丝会像弹簧那样卷曲，并对水分十分敏感。当花丝和种子落地时，花丝可以通过吸收或排出水分改变自身形态，就像弹簧那样。就这样，花丝带着种子像钻头那样做着环形运动，从而帮助种子深入地下。花丝没有肌肉，但凭借着吸水和失水运动，将种子带到地下。花丝首先是一个弹簧，接着又变成开瓶器，在没有外力帮助的情况下，把种子带到更舒适也更安全的地下。这种能力使牻牛儿苗属（Erodium）植物在地球的草地上保持着高度侵略性，将来有可能有助于在其他星球上的扩张。[1]

与酢浆草属（Oxalis）的植物代表——白花酢浆草的会面富有启发性，但成效不大。它声称能把自己的种子投射到数米外，因此有能力充当殖民者。"这样的故事我听了太多"，我对它说，"您来得太迟了。您看到桌上那一堆候选人的材料了吗？它们都是像您一样善用炸药的标枪运动员"。它并没有显得不安，而是立即证明了我太过傲慢。

"您应当知道，植物的种子播撒系统一直在进化。您遇到的每一种植物都展示了它特有的、区别于其他植物的技能。"它带着厌烦的语气警告我，"多样性本身就是力量。所有的跑车都有四个轮子和一台发动机，但是赛车比赛比的并不只是赛车手的能力，您同意吗？我们酢浆草属植物就具有这种多样性，它能够帮助您征服宇

---

[1]　欧洲空间局高级概念团队（L'Advanced Concept Team dell'Agenzia Spaziale Europea）在 2012—2013 年完成了一项对植物播撒种子特点的评估，目的是找到可用于太空探索的有用新科技。在众多实验中，科学家研发了一种能够使传感器深入地下的模型。这个模型用到了一种金属薄板，其原理就模仿了芹叶牻牛儿苗的吸水机制。

宙。如果您怀疑我，可能是因为您忘了达尔文发现的闭花授粉现象，即花朵的花冠能在关闭状态下自花受精，而无须借助异花授粉[1]。无论是我，还是我所在的属，都能进行两种操作，即闭花授粉和交叉授粉。这样一来，即使没有媒介，我们也能完成授粉。在你们想要前往的星球上，没有授粉媒介是大概率事件，但如果有授粉媒介，我们同样可以利用它们，只要它们愿意合作。这与我们的种子舱和弹道学有什么关系呢？没有太多关系，但与你们的傲慢有关。我现在简要解释一下，因为我看到，您是一个不太有耐心的人。通过交叉授粉的种子，比闭花授粉的种子拥有进化优势，它们的后代更有可能更好地应对困难。因为后代中只要有一个发展出了更有优势的能力，它就能比它们的父母更好地适应恶劣的条件，或更好地应对来自对手的压力，这样后代才能走得更远。其他后代与它们的父母几乎相同，这样一来人们会说，落在离母株不远的种子，因为与父母十分相似，因此几乎肯定能够适应母株生长的环境，把子女送到未知世界所要面临的风险太大了。这是你们最早研究得出的结论，但这并不是事实。我们不再把通过'正常'繁殖产下的子女送到远处，并且盛有闭花授粉种子的舱室也并不低效。在酢浆草属中不存在傻小子，我们也不区分嫡子和私生子。对于我们而言，无论采用

---

[1] 异花授粉，不同植株的花朵之间的授粉。

何种繁殖方式，把播撒种子的效果最大化永远是值得的，因为移动并征服新领地是一个太重要的需求。把这个故事当作礼物吧，我以酢浆草属其他植物的名义，撤回我的申请。因为我不认为你们拥有必胜的信心，能够开展像征服未知星球这样困难的事业。"

在一通训斥之后，为了有个美好的结尾，我与一位真正的"征服者"进行了最后一场面试。我面对的是皮萨罗[1]、科尔特斯[2]以及他们贪图财富的狗腿子的亲戚——一种肆无忌惮的寄生物，尤其是在与他人分享食宿的时候。

松矮槲寄生（Arceuthobium divaricatum），这是它的名字。它有着黏糊糊的外表，并呈现可疑的黄色。在北美洲森林残酷的操练场中，进化把它的技能磨砺得日益出众。它与常见的槲寄生一样，习惯于利用他人的劳动。它寄生在其他物种身上，从它们那里获取营养。假如人们想要取代或限制某种可能的地外植物群，这种设想会很有趣。谈到征服未知土地，澳大利亚也曾被品质可疑的恶棍殖民过。毕竟，生意归生意。

---

[1] 弗朗西斯科·皮萨罗（西班牙语：Francisco Pizarro，1471 或 1476—1541.6.26），西班牙早期殖民者，开启了西班牙征服南美洲（特别是秘鲁）的时代，也是现代秘鲁首都利玛的建立者。——译者注
[2] 埃尔南·科尔特斯（西班牙语：Hernán Cortés，1485 — 1547.12.2），殖民时代活跃在中南美洲的西班牙殖民者，以摧毁阿兹特克古文明，并在墨西哥建立西班牙殖民地而留下恶名。——译者注

松矮槲寄生带着坚定的语气对我说，爆炸型的果实不仅对生长在地表的植物很重要，比如泥炭藓，它们对在树顶和阁楼定居的植物也同样重要。树顶的风景更好，可能空气也更干净，植物只需凭借重力，就能轻易占领下面的土地。但如果你是寄生物，你就得尝试从一株植物转到另一株，并且所找到的方法应当是经济的，要避免无谓的跳跃。因为种子如果掉到地上，找不到能够寄生的植物，无法获得生长所需的营养，就注定会死亡。

"我们的孩子跟你们的一样，在刚出生时，是无法自给自足的，我们的相似之处有很多。"它迎合地说。在自然选择长时间的磨砺下，它的果实能够以 90 公里每小时的速度，把单个黏糊糊的种子发射到 15 米开外。它就像一个吸食树液的泰山，从一棵树的簇叶，飞到另一棵树上。松矮槲寄生发射装置的原理并不是利用果实开裂，而是在果实内部积累吸水的黏液和物质。当温度骤然上升时会形成膨压，种子发射舱会像气球那样不断膨胀。最后压力超过临界值，发射舱爆裂，从而把种子发射到周围不幸的邻居身上，并分布在各个高度。爆炸前，果实内部会充满黏糊糊的胶，果实僵硬的表皮会积累能量增加射程。此外，种子一旦发射出去，黏液会使它更容易粘在不幸宿主的簇叶上。同时，黏液也为种子发芽提供必要的水分。

松矮槲寄生向我展示的数字是惊人的，短短几年内，它们能够在一公顷的领地内寄生超过 500 个宿主。这是一幅科幻片中的恐怖景象，但如果地外星球缺乏能为它们提供树液的其他生命体，这一场景就不太可能在未来出现。

　　与松矮槲寄生会面过后，虽然背脊发凉，但我还是平静地见了客户。要复制的想法有很多，且都是被证实的、彼此各异的。尤其是，这些面试和简历向我传达了开拓的精神和征服听众的冲动。所有人都认为，植物是静止的、被动的，但实际上，每个生命体都具有征服者的行动力、自主性和魄力。当你想要征服宇宙时，不能等待你的对手先动手，而需要先发制人。对于地球上的征服者而言，它们每天都在争夺稀缺资源。它们很清楚，一个好的想法是不够的，需要的是成千上万种不同的想法。

第二章

清新甜美的空气

我工作的一个奇特之处在于，它不允许我躲在写字台后面，像蜘蛛那样守在网上等待猎物，另外，也因为我要寻找的候选人不以运动见长，它们扎根土地，移动是个问题。这样，就只好由我亲自到最适宜的栖息地去拜访它们。我像一名私家侦探，在城市的贫民窟或花园长凳上，或公开或秘密地会见我信赖的情报员。有时，如果有了明确的想法，我就列好名单开车出门。我囤积花瓶、罐子、花朵和树枝，然后把它们带回我的破屋，对它们进行一系列问讯。每当此时，我的办公室就像刚围捕完有伤社会风化的嫌疑人归来后的警察局：矮牵牛是站在过道的女歌手；洋常春藤相互抱住，哀求着待在警员们的脚前；你稍微背过身去，野生的蜘蛛抱蛋（Aspidistre selvatiche）就会粗鲁地跟驯化后的同类调情，后者多年来处于霓虹灯、雾霾、石灰石和氯超标的自来水的污染之中，已不再美貌。而此刻，我对清除空气和水中的污染产生了浓厚的兴趣。

我总结了第一份工作的成功经验后，老板给了我一项新任务。这一次，我服务的对象是一家专业从事净化器生产的企业。污染、对健康的过分追求、空调的过度使用、封闭的空间，都是造成屋内空气质量糟糕的原因。实际上，这个问题不仅引起了卫生部门的关注，也吸引了企业的目光。此外，在净化和回收可饮用水领域，人们也面临着困难。随着人口不断增长，为人类提供饮用水所面临的挑战也越来越复杂。因此，任何新的相关科技创新，都能使这一领域的企业眼中放光。

在第一次情况介绍会上，客户对我说，"我们需要一些新的思路，给我们实验室提供研究和发展的方向。在家中获得更干净的空气、净化污水、从任何固态、液态水源或大气中回收可饮用水，这些都是我们未来想要占领的市场。我想到植物可能会有用，尤其在净化水源方面。它们是如何从土壤中获取干净水源的？生活在沙漠中的植物又是如何找到水的？"目标已经明确，各种植物开始在我的脑海里打转，就像老虎机屏幕上的水果，而我只需把硬币投进去，在恰当的时机拨动摇杆就行。"如果有一些有用的启发，或者进化给出了一些合理的建议，由我们来考虑把想法变成现实，最好是非常有原创性的方案。"客户说完了。他想得没错，考虑的方向也是正确的。植物有许多适应性系统都是围绕收集和净化水展开的，这是一个极其珍贵的宝库。至于净化空气，我在第一项工作中收集的材料则可以派上用场。

封闭环境中的空气净化

我开始翻阅上一份订单遗留下的卷宗。在里根主义、享乐主义充斥的 80 年代，NASA（美国国家航空航天局）曾积极推动征服宇宙的计划，努力给宇航员在封闭的舱室中创造更好的生活条件，使他们能在宇宙空间站停留更长的时间。美国人想要捍卫星际霸权，却出师不利。美国第一个空间基站——天空实验室 [1]（Skylab），在运行几年后就在澳大利亚上空坠毁。至于在寿命更长、更具斯巴达精神的和平号空间站 [2]（Mir）和礼炮号空间站 [3]（Salyut）上，有关如何改善苏联宇航员生活环境的消息，我们不得而知。但在空间站舱室内，宇航员要面临的麻烦是一样的。

通常，不考虑失重和冻干食物问题，空气正是主要问题之一。由于指令舱内空间狭小，且几乎都是由塑料材质制成，因此会造成VOC（挥发性有机物）的高度集中。这些挥发性有机物中还包括一些有害物质，例如甲醛、苯、二甲苯或三氯乙烯。它们从胶水、油漆、管道、接口等源头被释放出来。在天空实验室的最后几次任务中，人们在空间舱内检测出了超过一百种挥发性有机物。空气污染成为严重问题，因为空间舱的窗户不能打开。这个麻烦也扩展到了地球，以至于这些物质在室内的浓度通常高出户外5—7倍。

---

[1]　天空实验室（Skylab），美国第一个环绕地球的航天站。自1973年5月—1974年2月先后接纳过3批航天员，1979年7月11日进入大气层被烧毁。——译者注
[2]　和平号空间站（俄语：Мир，英语：Mir），苏联建造的一个轨道空间站，苏联解体后归俄罗斯。它是人类首个可长期居住的空间研究中心，同时也是首个第三代空间站，经过数年由多个模块在轨道上组装而成。——译者注
[3]　礼炮空间站计划（俄语：Салют），由苏联计划的首个空间站计划，其中包括了于1971—1986年这15年间发射的一系列九个的单模块空间站。——译者注

实际上，VOC 从来都不是空间站的专利。在全世界各地的房子、房车、预制结构房屋和办公室中，胶水、油漆、家具，尤其是镶贴木板的家具，曾经释放并且至今仍在释放 VOC（虽然在更为严格的标准下浓度有所降低）。屋内空气中能飘浮 900 种化学结构不同、浓度和毒性各异的有机物，它们通常会引发哮喘。长时间暴露在这样的环境中，会造成严重后果。许多国家已经制定了明确标准，规定民用和商用建筑物的 VOC 释放量，以预防可能造成的症状，即所谓的"病态建筑综合征"（Sick building syndrome）。

为了净化太空舱内的空气，美国人启动了 NASA "清洁空气研究"（Clean Air Study）项目。该项目致力于研究有多少，以及有哪些可溶性挥发性物质，能够被观赏植物吸收。这些观赏植物被放在一个容器中，像宇宙飞船那样被密封起来。既然植物能吸收二氧化碳，释放出宝贵的氧气，那为什么不顺带试试其他气体呢？实际上，一些植物已经带来了有趣的结果：在 1 平方米大小的房间内，每小时能够清除约 2 毫克甲醛和 0.5 毫克二甲苯，不同种类植物的表现会有所差异。植物清除污染的有效性也在更大规模的实验中得到证实，NASA 为此建立了"生物之家"（BioHome）实验中心，专门进行此类实验。

让我们把对降低空间站空气污染的注意力转到更接地气的需求上来，即在不开窗的情况下，净化屋内空气。有些人继续开展寻找生物净化器的"圣杯"之旅，为的是找到那些能在最短时间内去除最多 VOC 的植物。这些迹象应当能使客户感到欣慰。我打算像密探那样跟踪目标，因此在翻阅卷宗时，我列了一张嫌疑人名单，并组织了一场追捕行动。我想要搞清楚它们净化能力背后的原理，并强迫它们交出秘密，再卖给净化器制造公司。

我面前的架子上聚集了 30 多个花瓶，里面盛着我的审问对象，其中有天竺葵（Pelargonium domesticum）、印度榕（Ficus elastica）、吊兰（Chlorophytum elatum）、粗肋草（Aglaonema brevispathum）、马拉巴栗（Pachira aquatica）和各种蕨类植物，还有一些室内绿植，像合果芋（Syngonium podophyllum）和藤芋（Scindapsus aureus），长辈们一般把后一个叫作石柑（Pothos）。所有这些植物都是清除办公室和房间空气中甲醛、甲苯的嫌疑犯，其中一些作案手法娴熟。例如，波士顿肾蕨（Nephrolepsis exaltata）和八角金盘（Fatsia japonica），它们能在 4 小时内把空气中的甲醛含量减少 80%。我想得到它们的秘密，但是审讯一开始进行得并不十分顺利。

"我来替大家发言"，一株棕榈科植物说道，"我们是清白的。你们人类只能看到想看到的，总是固守第一印象，因为这对你们而言最容易，但这样只会指认出错误的罪犯。你们把这称为偏见，但在实验室之外的人把这称为刻板印象、短视和懒惰。你们总是看不清楚，大自然中从来不存在唯一的罪犯和唯一的策略，一切都是复杂的、相互交织的。很多时候，是因为你们在最开始的检测中，忽视了隐藏原因而造成了错觉。你们太着急找到原因，但这次我们植物并不承担直接责任"。

这个开场白让我很疑惑。摆在我面前的是科学证实的数据，表格上写得很清楚，在一间 10 平方米的房间内，青锁龙（Crassula portulacea）能在 1 小时内清除 14 毫克甲苯；棕竹（Rhapis excelsa）、江边刺葵（Phoenix roebelenii）和波士顿肾蕨（两种棕榈和一种蕨类植物）每小时分别能吸收 7 毫克氨、0.5 毫克二甲苯和 2 毫克甲醛。其中，蕨类植物显得尤其贪婪。

美国的调查研究显示，建于 90 年代的公寓内，空气中约含有 4 克甲醛和 0.5 克二甲苯。数据显示，两株蕨类植物，或三株龙血树，能在 24 小时内清除上述污染，吸收量是一些国家法律限定标准以及 OMS（世界卫生组织）建议标准释放量的十倍以上。许多植物能使室内污染量在几小时内达到限定标准（如德国标准），即使空气中增加其他挥发性有机物，清除工作仍不会停止。

甚至有数据表明，在不开窗的情况下，把 6 株龙血树或白鹤芋悬挂在一个 50 平方米的教室中，能够减少室内 70% 的 VOC 和 1/3 的 PM_{10}（可吸入颗粒物）。表格中的数据甚至把计算精确到平方厘米，一定面积的叶片清除一定数量的污染。总之，数据是站在我这一边的。"如果您能摒弃片面的论证，就会看到，有关面积的计算是不正确的。"一株白鹤芋倾斜着花序，带着厌烦的语气紧接着说，就像一个被无缘无故打扰了的人。"你们总是想要简单的答案，一个放在银盘子上的假想罪犯，而不去努力思考深层原因，不去探寻自然界万物运行的真正规律，表象跟现实永远不同。"

事实上，白鹤芋说得没错。如果仔细观察这些数据就会发现，并不存在面积和数量对应的比例关系。同一种植物的不同个体，即使叶片面积不同，实际吸收的 VOC 量却是相同的。还有一些奇怪的现象，例如，比起有光照的白天，清除现象在夜晚更加明显，就好像这一切不取决于光合作用；此外，即使植物从根基处被截断，吸收作用仍能持续几天；但移除植物后，土壤的吸收效果比正常值低 10—20 倍。另一个被研究人员证实的关键点是，VOC 并不是简单地被吸收了，而是消失了。它们在空气中含量减少，但在树叶、茎、根，甚至土壤中都找不到。

可能植物没有说谎，真正的罪犯的确另有其人。但我确定它们一定知道些什么，这是不可否认的。"我们知道谁是你要找的人，它替我们工作，但解决的问题不同。"龙血树向我坦白，"但您要是想弄清楚，需要放弃您看待植物和一般生物的简单视角。没有任何生物是一座孤岛，自给自足对我们而言是不存在的"。它向我解释，每个生命体都是一个小型生态系统，在它之上，还生存着大量其他生物。所有这些参与者之间达到平衡，系统才能运行。这个系统中有许多共生体，它们在一张桌上吃饭，当然寄生物骗子也从不会缺席。

人类给数十亿细菌提供了庇护所，它们生活于皮肤或肠道，但我们也要感谢它们能让我们健康生活。反刍动物要感谢厌氧细菌帮助它们消化植物纤维，同样，植物也在照顾和培育有利于它们的微生物群。它们一部分生活在叶片或茎皮上，即叶围[1]（Fillosfera）；另一部分，即所谓的"内生菌"[2]（Endofiti），它们甚至能生活在植物内部细胞的间隙中。但它们大量分布在根部周围，形成根瘤菌。所有这些细菌一起保护着它们的母株，赶走致病原和寄生物，帮助植物从土壤中汲取养分，扮演着跟人体肠道里的微生物群类似的角色。

根据我的植物情报员提供的信息，这些细菌中有一些定居在植物根部，尤其是兰氏阴性菌（Gram-negative），例如假单胞菌（Pseudomonas）、不动杆菌（Acinetobacter）和生丝微菌（Hyphomicrobium）。它们不仅能降解腐殖土壤，从根部释放出的黏液中获取能量，还能美美地享用任何其他来源的碳。作为出色的腐生生物，它们对来自其他源头、以碳为基础的分子有着极佳的胃

[1]　叶围（英语：Phyllosphere），也叫"叶际"，指的是作为微生物栖息地的植株地上部分。——译者注
[2]　内生菌（英语：Endofit），指在其生活史的一定阶段或全部阶段，生活于健康植物的各种组织和器官的细胞间隙或细胞内的细菌。

口，其中就包括那些由人类活动产生的所有挥发性物质，例如甲醛、甲苯和多环芳香烃（它们也出现在臭名昭著的雾霾空气颗粒 PM_{10} 中）。[1]

因此，真正消除污染的并不是植物，而是生活在植物根部的微生物群。正是因为它们，污染也能在夜晚被持续清除。它们不会饱和，白天会继续工作。如果污染清除仅仅是由于叶片的简单物理吸附，这种现象就不会出现。

此外，从一个想要净化空气的人的视角来看，光照会促进那些更有效地吞食污染的细菌的生长，进而提高系统运行效率。"我们只供养领土范围内土壤中的细菌，因为如果它们保持健康，我们也会生长得更好。有些植物甚至投入 40% 光合作用所获取的能量，用于供养根瘤菌，慷慨地施与它们黏液和糖分，甚至特定的次级代谢产物。同时，通过抑制其竞争对手的生长，筛选出最令人满意的菌种。"鉴于每种植物都会选择最接近自身需求的细菌家族，因此根瘤菌的种类就会根据植物不同而各异，带来的结果也不同。这一点也在一开始欺骗了 NASA 的研究员。

作为有经验的专业人士，我发现植物遗漏了一个细节，即 10%

---

[1] VOC BioTreat 系统被应用在超过 90 家精炼厂中，用于消除在石油加工过程中释放出的挥发性有机物。操作时，把富含 VOC 的气体吹入发酵池中，经由微生物净化。发酵池中的细菌和其他菌类会吞食有机物，就像植物根际中的微生物那样。

的 VOC 通过气孔，在植物吸收二氧化碳时被一并消除了。气孔是叶片上细小的开口，用于进行气体交换。甲醛、苯和甲苯进入气孔后，会被光合作用产生的新陈代谢酶截获，并被作为初级原料用来生产有机酸和氨基酸。鉴于 90% 的工作，实际上是由植物在土壤中培养的微生物承担的，我打算睁一只眼，闭一只眼。

因此，需要传达给净化器研制专家的信息再清楚不过了。首先，我会建议他们选择能够生长出发达根系的菌根类植物，并混合兰氏阴性菌；其次，要把它们放在透气的花瓶中，花瓶表面面积要够大，最好悬挂起来；最后，花瓶内的土壤要松软透气。[1]

告别的时候，石柑提醒了我最重要的一件事。"给您这项研究任务的客户，担忧的是办公室和太空舱的空气净化问题。但我想提醒您，我们和细菌所做的，对于最大的家也很重要。在这个家里，房间是大洲，办公室是栖息地。在花瓶中的植物微世界，以及在更大的生态系统中，微生物居民的数量永远比您计算的更多。您要把这些传达给您的设计师朋友，以及那些怀有雄心想要改造未来世界的人。你们要理解真正的原理，而不是仅仅满足于推出一个模型或找出一个答案，这才是获得正确的、可持续性设计的钥匙。没有我

[1]　WO2007136084 A1、WO2003059037 A2 是众多使用植物或基于植物制作的生物空气过滤系统专利中的两个。市面上最有名的一个产品叫 Plant Air Purifier，由三部分构成：一个多孔的瓷器花瓶、室内绿植和一台向根部输送空气的小风扇。

们的供养，无论是在办公室，还是在外面的森林中，吞食 VOC 的微生物都无法生长。没有我们，它们的生活就会变得困难，而你们没了我们，就会面临中毒的风险。"当我把这些植物放回原处时，我不得不承认，它们言之有理。

家门口的水

为了满足净化专家的需求，我还要研究如何回收和净化水。这一次，我以终为始，从现有的专利出发，只为弄清楚人们能否从进化中获取改进现有技术的灵感，以及在哪里能找到这些灵感。

1971 年，罗伯特·韦罗贝（Robert Woodbury）注册了一个从大气中收集水分的系统，专利编号为 US3616615。他研发出一种装置，能够通过特制的网，从浓雾中获取水分。在热带森林中，浓雾会在白天特定的几个小时出现。借助这个发明，在越南的美国士兵得以获取饮用水。像罗伯特这样的发明家们前赴后继，注册了一系列相关专利。这表明优化从空气中获取淡水系统的需求不仅存在于丛林，也存在于海边和沙漠，以满足农业或其他人类需求。

水在任何地方都会令人垂涎。分析师预测，水对于人类的价值只会急速增长，但很少有人会从大自然中寻找回收水分的灵感。然而，这么做却能够为特定缺水地区提供完美的解决方案。直到几年前，人们才弄清楚，沙漠甲虫（Stenocara gracilipes）能够通过背部特殊的刺状产卵器来收集空气中的水分，并把水分直接滴到口中，就像弗莱人的制服那样。在想象中的沙丘星球上，弗兰克·赫伯特[1]（Frank Herbert）为弗莱人设计了一种制服，能够把身体排泄的各种液体转化成可饮用的水。这个故事把我带向地球上的沙漠。

早在昆虫定居沙漠、人类在雨林中使用凝固汽油发动战争之前，干旱地区的植物就已进化出了从空气中获取宝贵水分的方法。众所周知，这些水分几乎都是可饮用的，并且完全可以用于灌溉。通过谷歌地图，我开始在地球上寻找最符合要求的土地，即像弗莱人那样的植物蓬勃生长的、最干旱的沙漠之地。我开始了追踪行动，充当我在沙漠地狱中的维吉尔的，是一个意料之外的向导——帕拉，一株多刺的仙人掌。它属于硬仙人掌属（Sclerocactus），是公司赠送的礼物，也是办公室中唯一的沙漠植物。它最宝贵的才能是可以忍耐我长时间不给它浇水，而它最显著的缺点是脾气火爆。

"在开始追踪之前，你要先弄明白它的原理是什么！每一个物种都有它的策略！你看到没，你根本没学到什么东西，只是在电脑上浪费时间！"作为在炙烤的墨西哥沙漠中被锻造出的仙人掌祖先

---

[1]　弗兰克·赫伯特（Frank Herbert, 1920.10.08—1986.02.11），美国科幻小说家、作家。代表作为《沙丘》（*Dune*）三部曲，文中塑造了沙漠星球（Dune）和弗莱人（Fremen）的形象。——译者注

的后代，帕拉说话时，总是用干脆的句子和感叹号。它从不节制，这使得它的话更加刺耳。"如果想从空气中获取水分，你的武器是表面张力！你的策略是效率！要最大的产出和最少的浪费！"

在一连串机关枪般的强调句式后，帕拉开始滔滔不绝地讲述它知道的一切，从一个大洲翱翔到另一个大洲，从一个物种说到另一个物种。它展示了自己对收集水分的热情，这是在如狄更斯小说中描述的生活环境中生存的关键。"第一站，纳米比亚沙漠！第二站，墨西哥沙漠！第三站，南非！第四站，约旦！第五站，厄瓜多尔！第六站，巴布亚！第七站，西班牙梅塞塔高原！第八站，澳大利亚！"还有其他一些目的地，最后都变成了带着感叹号的"苦路"。我没有其他选择，只能把它放在肩头，作为我线上地图的向导。

我们来到了纳米比亚沙漠，这片荒凉的土地，两千万年来都没有改变过。因此，极少有英雄能够在这里战胜水源匮乏的压力并舒适地安家。这里每年的降水量少于 19 毫米，唯一短暂的慰藉是雾。每年的 100—150 天中，在靠近海岸的地区都会形成雾。在海风的作用下，雾气被缓慢地带到内陆。水量并不多，每年不会超过相当于 35 毫米的降水量，但对于一些物种来说，这些水分已经足够。它们的适应机制能够被复制过来，改进我们从空气中获取饮用水的系统。

善于在沙漠中收集水汽的代表，是一种高达 2 米的草本植物，叫做纳米比亚针禾（Stipagrostis sabulicola）。当雾气来临之时，它平均每平方米叶片（差不多是一丛草的面积）能够抓取 5 升水。所有水分不会浪费一滴，全都被转移到土壤中，被根部完美吸收。帕拉在我背上惬意地指点江山，描述着肉眼无法看到的有趣细节。这样一来，这种草就能享受到可以与非沙漠气候地区植物相当的灌溉效果。它们的草秆很细，能够长到 2 米，从而截获植株各个高度的雾气层。在风的舔舐下，植株表面能够充分与雾气接触。[1]

不过，这个高度会造成植株顶端轻微弯曲。假如缺乏合适的对策，有可能会使一些水珠滴到远处，这样水分就会在极短时间内蒸发，无法到达根部；同时，任何凝结的水滴都不能被草茎阻挡，否则就会在清晨第一缕阳光升起时汽化。

为了把所有的小羊都赶到根部的羊圈里，草秆由僵硬的叶片构成，叶片向内弯曲，截面呈马蹄铁状，形成一个指向根部的半圆。通常情况下，开口指向盛行风方向，叶片内部表面光滑，微风横向带来的水汽，在接触到叶片后就会凝结。当超过一定重量时，水滴就会向下流动，"技巧在于表面张力！不能太大，这会阻碍水汽凝结！也不能太小，否则水分就会流失！"如果再靠近些，并仔细观察叶片内部，就会发现其表面并不是人们想象的那样完全光滑疏水，上面有极其微小的纵向沟槽。它们的作用就像无数个屋檐，把

---

[1]　类似的概念激发人们在海边设计了温室，例如 Seawater Greenhouse Ltd 和 Sundrop Farms 公司，他们声称通过捕捉大气中的水分，使公司管理成本降低了 35%。

水输送到空心草茎的底部，再从那里流向根部。

叶片不能是完全疏水的，否则就无法从雾气中凝结足够的水滴，而且草秆顶部的水珠也无法沿着沟槽流动，而是直接滴落到地上。此外，沟槽表面覆盖着一层细小的、形状不规则的物质，它们由平行排列的毛状体和布满裂缝的蜡制薄片组合而成。裂缝可以增加水滴的黏附性，使叶片表面能够轻微吸水。当水珠积累到一定程度后，就会向下流动，而不被完全粘住，凝结的水珠就这样在沟槽中滑动。沟槽的摩擦力能够精准控制水珠的流速，其他停留在途中的水滴被持续捕获，沿着微小的叶脉向下流动。通过这种方式，整个过程中停留的水量就会被最小化。水珠沿着沟槽顺畅流动，不会被沟槽粘住，就这样从2米高的顶端，一直把水分输送到根部。[1] "这还没完！还有人战胜了重力！你去奇瓦瓦沙漠！"这个建议来自另一株仙人掌，他是帕拉在墨西哥的邻居，学名叫作黄毛仙人掌（Opuntia microdasys），与普通的梨果仙人掌（Opuntia ficus-indica）没有太大差别，都带有绿色的茎节和扎人的黄色钩毛簇。

在这个例子中，捕获水分的关键也是肉眼观测不到的。它藏在仙人掌的刺中，只有在显微镜下，才能看到这个能从雾气和大气中

---

[1] 在自然界动植物的启发下，麻省理工学院（Massachusetts Institute of Technology）研发了一套新的系统，能够从雾气和水蒸气中收集水分。经过在智利最干旱地区的实地实验，这项技术能够捕获空气中 10% 的水分。

收集水分的结构。在每簇黄色钩毛中有几百个锥形刺，这是一种纳米级别的精确组织结构。每根刺的顶部坚硬防水，带有锯齿状的锋利针尖，能刺入讨厌的来扰者的皮肤，也能使雾气和露珠落入陷阱。因为每个针尖都能充当成核中心，有助于雾气中水汽的凝结。刺的中心区域是几纳米宽的纵向沟槽，一直延伸到底部，从雾气中捕获的水分能够沿着沟槽流动。最后，在靠近连接处的地方，是成束的柔软毛状体。它们形似棉絮，具有吸水功能。

仙人掌刺针纳米尺度结构的特殊之处在于，即使水流路径是斜向上或垂直向上的，水滴也能自动流到钩毛簇中央。总之，尽管有重力在，但由于针刺的特殊构造，水汽一旦接触到这种结构，就会在拉普拉斯压差[1]的作用下，使水珠总能够流向钩毛簇中央。毛状体在那里能够吸收水分，并把水分积累在贮水组织之中，而无须经过根部。

针尖捕捉水分，中部运输水分，底部吸收水分。这套系统可以推荐给客户，用来改善以表面完全光滑的尼龙丝为基础的现有集水网络，以增加与空气的接触面积和集水能力。除了改善从雾气中集水的能力外，客户可能还对这个模型的另一个潜在用途感兴趣。鉴于墨西哥仙人掌刺尖精妙的物理结构，这套系统不仅可以用来收集

---

[1] 锥形针尖表面的水滴由于曲率不同，会受到一个指向锥形根部的驱动力。——译者注

悬浮在空气中的水分，还能用来收集其他漂浮的液体，比如水中的油渍。因此，可以利用这个原理，开发清除含油污染物的系统。

这套系统的一个绝佳用途是清除水中的超微油滴。由于过度排放而被污染的海域、河流和湖泊，在经过处理后，水中仍会残留直径几微米的油滴。人们可以参照黄毛仙人掌的针尖构造，研制与之类似的纳米级别锥形结构，从而捕获并过滤水中的油滴，再透过滤膜达到净化效果。[1]

"你们还夸耀说发明了纳米技术！你们还需要继续学习！走，我们去南非！"这次我们要拜访一种有着灰色柔软外形的植物——球叶山芫荽（Cotula fallax），作为许多其他有着相似系统植物的代表（这些植物通常呈灰色，有着毛茸茸的外表），它们拥有缠结的立体毛状体网络，因此总能保持叶片新鲜湿润。

许多植物有着光滑柔顺的叶片，有些则布满锥形毛刺，而球叶山芫荽叶片上则布满了微小的树状结构。它们只有零点几毫米高，但能够截获空气中的水汽，并通过分叉的方式把水分保留在叶片上。得益于它的私人丛林，极大地增加了叶片与空气的接触面积，从而形成了大量成核点。与纳米比亚针禾叶片不同的是，水汽捕获

---

[1]　中国的科学家已经开发出一套模仿这一机制的原型，并获得专利。设备中使用了铜制"针尖"，它们排列在一个六角星的滤膜上，能够达到油水分离的效果。被针尖捕获的油滴在锥形斜坡的作用下，会透过滤膜，达到分离水中的超微油滴的目的。

不只在二维结构（叶片）上进行，还在一个立体结构（毛状体丛林）上进行。在球叶山芫荽生存的栖息地，实际上并没有能把雾气从一个精准的方向带来的盛行风，这里的风向是不定的，因此需要在各个方向最大限度地捕捉水汽。比起光滑的叶片，毛茸茸的叶片能够更好地捕获空气中的水分。这一点也被数据证实，多毛的叶片获得的水量是光滑叶片的5—10倍。但可以收集的水分不总是只存在于雾气中。

"如果没有雾的话，我们去约旦！"多刺的暴君发出指令，并强迫我在谷歌地图上输入"Wadi Rum"[1]。沙朗大黄（Rheum palestinum）不能满足于从空气中获取飘浮的水汽，因为它生存的区域太过干旱。它进化出了一种与其他地方植物明显相反的系统：它的叶片巨大，每株的叶片面积甚至能超过1平方米，呈莲座状，形成了一个巨大的漏斗结构。这种构造能把约旦沙漠中，在一股股热浪间歇落下的极少量雨水，全部输送到根部中央，接着把水贮存在地下根部水箱中。

滴水贵如金，每一滴水都要以最少的浪费被截获并送达根部。沙朗大黄的叶片不是平坦的，而是呈漏斗状，表面密布着沟槽，形成微型山脉。叶片十分光滑，且疏水性良好，有助于雨水流动。与

---

[1]　瓦地伦（Wadi Rum），又名月亮谷，是约旦西南部的一处山谷，位于红海海岸的城市亚喀巴东方约60公里处，为该国最大的干谷。——译者注

雾气相比，雨水在降落时本身就带有足够的动能，因此能够顺利地流向靶心。叶片蜡制光滑的表面，就像奶奶在聚会前精心擦亮的地板，再加上叶片巨大的面积，一株中等尺寸的沙朗大黄一年能收集超过 4 立方米的水，相当于 400 毫米的年降雨量，与正常地中海非沙漠地区的年降雨量相当。这又是一个值得人类学习的典范。

"你看！你想要一个一劳永逸的答案，而大自然为每个地方都量身定制了解决方案！家门口的答案！那些真正的答案！"实际上，各种类型的应对策略如此之多，我能够根据不同栖息地和不同需求，给客户提供不同方案，不管对象是静止的雾、近地的雾、风带来的雾，还是露水、要沥干的水，或留在表面的水。与仙人掌一起进行的快速在线之旅，恰恰说明植物能够根据环境，发展出特定的应对策略。因此，这也让我能够针对客人的每个特定需求，量身定制个性化方案。

"不是只在沙漠才缺水！"帕拉喊道，同时指向南美，"把地图调到厄瓜多尔！我们去找'nebulofite epifite'[1]！"我发现在这个绕口令一样的物种名称背后，包含了多种不同植物。它们能生活在半空中，没有根在土壤里，以云雾中的水汽为食；它们悬挂在其他植物的枝干上，被动地倚靠在任何能够倚靠的支撑物上，甚至能生活

---

[1] 字面意思为"生活在云雾中的附生植物"。——译者注

在电话线和电线上。"球苔藓"（Tillandsia recurvata）和"西班牙苔藓" [1]（Tillandsia usneoides）都有着球状的外形，根部的作用仅限于在空中锚定支撑物。它们获取水分的系统也不同寻常，叶片不仅直接负责光合作用，还能收集空气中的水和矿物质。为此，它们进化出了高效的拦截、筛选和吸收系统。叶片表皮布满了大量毛状体，根据物种的不同，发挥的功能也各异。

像海绵一样的植物

铁兰属植物拥有微型漏斗状结构，它由多个细胞构成，其中一些细胞形成小的支撑结构，能够将叶片与一个形似被风吹翻的雨伞的结构相连。在这个伞形结构中，侧边细胞构成了一个宽大的、带翅膀的圆台，其边缘是不规则的，能够拦截雾气中的水分和露水，并把它们输送到植株中央。在这里，一些具有吸水能力的细胞，能把水分输送到细胞内部，并通过精确的过滤装置，把一些不受欢迎的物质和客人过滤掉。下面正对着收集部位和树叶连接处的细胞，能够相互交换水分，并把水分慢慢输送到叶片内部，完成浇灌。得益于毛状体中心细胞的不同功能和防水特性，整个结构可根据环境

---

[1]　以上两种植物为铁兰属被子植物，并不是真正的苔藓。——译者注

变化进行调节：在潮湿环境下，它们能吸收水分；当空气变得干燥时，它们会被蜡制层覆盖，从而防止水分蒸发。

"完美的集水装置！也是完美的过滤装置！"我的仙人掌朋友兴高采烈地夸赞道，对于这些系统，它难以抑制自己的兴奋。在环游拜访全世界80多种植物的过程中，我不断震惊于它们多种多样的适应机制和应对策略。虽然这些机制，就像许多我们之前看到的案例那样，无法立即投入应用以满足客户需求，但我明白，它们令人吃惊的绝妙系统，能够激发新的灵感和创意。

"获取水分并储存起来！我来给你介绍一种花瓶植物！不，一种生活在水族池的植物！"这一次的地理跨度较短，我们从厄瓜多尔转战巴西南部，来到了一个截然不同的栖息地。在这里，安第斯山脉的高山稀松草地被雨林取代，每片叶子都在滴着水。那些骑在树枝上的附生植物，能在各个高度找到生存空间。它们尺寸各异，有的体积相当可观，附生在最粗壮的树枝分叉处。在这些附生植物中，帕拉把我指向一些拥有长长叶片的植物，它们的叶片宽大，彼此连接形成莲座状，与菠萝的簇叶相似。它们被叫作"植物花瓶"，学名是"白花齿叶凤梨"（Aechmea distichantha）。

雨林虽然降水丰富，但对于生活在距离地面30米高处的植物而言，获得水源补给的问题依然存在。于是，"植物花瓶"和许多铁兰（以及菠萝）的近亲凤梨科植物逐渐进化出一套装置。它能够悬在空中充当水库，就像在阳台上使用的花瓶托盘，在降水来临时，用于收集雨水。它们既不从土壤中获取水分，也不从雾气中吸收水分，而是在下雨时，把雨水储存在专门的水池中。它们的叶片很长，表面弯曲凸出，并且是蜡制的，叶片相互重叠，形成一个紧密的螺线，在底部紧紧连接，形成碗状。就这样，叶片构成了一个边缘密封、向上打开的水槽。每个叶片的上半部分是延展的，具有良好的疏水性，它们是收集雨水的屋檐，之后，收集到的雨水被输送到根部的水槽。

白花齿叶凤梨的集水能力最强，能收集超过 3 升的水，其"植物花瓶"的外号也由此得来。与之前的案例相似，在肉眼看不到的背后，隐藏着最大的惊喜——我们发现了漏斗（当然，人类可能在发明轮子之前，就已开始使用漏斗）。"植物花瓶"叶片的构造也是变化的，就像铁兰的毛状体那样。它内部的叶片有一个能够根据位置变化的覆盖层，距离水池最远的部分被一层疏水材料覆盖，有助于雨水向根部流动。这种材料由几微米高的毛状体构成，表面覆盖着一层厚厚的疏水蜡制，使其呈现灰色并反光。

慢慢靠近水池，这个防水层就会消失，从而给无数毛状体腾出空间。这些毛状体与铁兰的类似，能够吸收水分和所有溶解在其中的养分。实际上，叶片底部承担的吸收养分的功能，与其他植物根系承担的功能相同。

空中水池的作用不仅限于供养"植物花瓶",对于许多喜欢生活在丛林高处阁楼中的动物、昆虫和微生物而言,这里也是极佳的栖息地。比起地面上的贫民窟,它们在这里还能躲避竞争对手和捕猎者。几百种动物在这些植物的空中水池中饮水、生活、繁衍后代以及排泄废物,它们也在这里结束生命,死在池塘里。所有这一切构成了一个微型生态系统,叫作"植物池塘"[1](Fitotelma)。它们的生活把雨水变成了营养丰富的浓汤,植物毛状体能够吸收在别处找不到的并且是生命必需的氨基酸、矿物盐和氮,"不过,收集的雨水不能再饮用了",我激情澎湃的导游指出。但我感到,这些植物的生存策略,可能会在别的场合派上用途,满足别的需求。

别人的水

为了寻找收集不可能的水的策略和灵感,朝圣之旅仍在继续。终于,我们来到了欧洲。在西班牙之旅中,我们见到了一种会表演杂技的植物,它能从石头中汲取水分。半日花[2](Helianthemum squamatum)其貌不扬,一朵朵黄色的小花,好像在为它的名声感

---

[1]　Fitotelma(英文:Phytotelma),字面意思"植物池塘"。——译者注

[2]　半日花属植物是唯一能够从岩石中提取结晶水的物种,并且能够使用该方法从石膏中获得高达 90% 的流体需求量。——译者注

到骄傲。它能在伊比利亚半岛梅塞塔高原酷热的夏季无畏地生长，那里除了干燥的石头外，没有一寸土地能够保存哪怕一丝水分。"保存水分的事就交给石膏吧！"一朵黄色的小花说道。

博学的帕拉解释道，特定的矿物质能够呈现两种或两种以上的形态，在不同的形态中，会包含不同的水分子。但这些水分子以结晶水形态存在，无法被母体简单地吸附。例如，石膏的主要成分是硫酸钙，在正常形态下，石膏包含两个结晶水分子。[1] 当温度超过100摄氏度时，水分子会被释放出来。依据排出水分子的多少，生石膏变成熟石膏，再变成无水石膏。石膏约 20% 的重量来自其中的水分，它像海绵一样从空气中吸收水分，甚至能从最干燥的石头中吸收被矿物化和被锁住的水分。

夏季，这种身披黄色小花的不起眼植物，能够汲取锁在石膏中的水分，用于满足自身需求。它的根系很浅，无法伸到贪婪的阳光照射不到的地下水层，因此，它完全依赖于从地上获取水分。春季降水充足，需要从石膏"储水银行"中提取的水分很少；但到了夏天，西班牙半日花 90% 的水源直接来自石膏，而非土壤中的活水。这些结晶水在花茎中停留大约两小时，接着在蒸发作用下，被其他结晶水取代，整个过程就好像植株在被无形的雨水正常浇灌。

---

[1] 即生石膏，又称二水硫酸钙（Ca〔SO_4〕· $2H_2O$）或二水石膏。——译者注

人们可能想象炽热的阳光足以使水分从晶体中被释放出来，进而被根部吸收，但事实并非如此，尽管地表 3 厘米处的温度能超过 50 摄氏度。这个假设无法解释植株春季的汲水现象，因为春季的温度和热能不足以使石头失水。

我从之前的案例中学到，植物是复杂的生物，它们能与主要集中在根部的微生物展开合作。这一次，这项工作也是由它们承担的。微生物通过释放有机酸改变土壤的 pH 值，通过这种化学手段，石膏释放结晶水，使植物得以吸收。在细菌运动下形成的熟石膏，会在夜间吸收水分重新变成石膏，循环往复。

"最后一站，down under[1]！翻转的世界！我们去澳大利亚见识一个肮脏的诡计！"我抗议道，我们是去净化水，而不是把水弄脏。我那带刺的向导对于集水的态度是坚决的，就这样，我们去到另一个半球的炽热地区。东部海岸热带大草原的景观是壮丽的：盛夏的澳大利亚，红色的土地，蓝色的天空，草地被热量微微染成黄色。在炽热清澈的空气中，分布着稀松的灌木丛，15 米高的大树拔地而起，比任何其他植物都高大威武，树上开满颜色绚丽夺目的黄色花朵。

"就是那儿！集水的教父！回收水的圣母！"我的导游笑着大

---

[1] 指澳大利亚和新西兰。

喊道。而我也暗自思忖，如此高大的植物是如何在这样贫瘠的环境中繁盛生长的。因为想要维持如此茂盛的簇叶，需要消耗大量的水。"它长得茁壮吧？你觉得它是怎么获得水的？"第一次，帕拉放弃了感叹号，改用问号，这个变化也让我有些不安。"它偷的水！！！"正在我迟疑的时候，帕拉回应道。

事实上，与周围的植物群相比，枝繁叶茂的澳洲圣诞树（Nuytsia floribunda）是那么不和谐，以至于让人怀疑它做了一些游走在法律边缘的事，才让它看起来像辉煌的宫殿，而周围却是破败的贫民窟。大自然中不存在伦理和道德观念，只要是能够保证自身繁盛并且保持周围环境平衡的事都可以做。因此，植物并不会怀有人类世界中的正义和正直。

进化的压力平静地助推澳洲圣诞树发展出一套收集必要水分的盗窃系统。一切都在黑暗的地下进行，它的根系能在地下延伸到极远的距离，半径超过 100 米。当它的根系碰到其他植物（草、灌木丛或是树木，无论大小种类）的根系时，寄生性根系组织会发生变化，制造出一种吸根；接着，它通过一个和剪刀功能类似的装置，把吸根缠绕在别的根系周围，在这个环形中央，有两片锋利的刀片，正如剪刀一样，能够剪断被缠绕的倒霉的根系；之后，它再通过运输系统，把截获的水分输送给自己。换句话说，这株开着黄色花朵的大树，非法地将自己与邻居的输水系统连接。它就像一个专横高傲的教父，向每一个辛辛苦苦从土壤中汲水的植物收取"保护费"。

通过这种方式，澳洲圣诞树不仅毫不费力地满足了自身的水分需求，还能从土壤中截获矿物盐、氮、糖分，以及储存在其他植物根部的物质，而这些本是它们应对不时之需的私人储备。除了偷取水和矿物盐，澳洲圣诞树本身就能够自给自足，与其他的寄生植物不同，它能够通过光合作用给自己提供糖分。为了满足自身对水分的巨大需求，一棵澳洲圣诞树能够建立起数千个损害邻居的非法连接。它从邻居那里偷取养分，但又不会导致这些邻居死亡，因此能够保证获得源源不断的非法收益。在每一种可持续的掠夺行为中，最好的掠夺对象都是那些活着的、能够支付掠夺者所有生活所需的人。

我提醒多刺的维吉尔，澳洲圣诞树是一种能十分高效地适应澳洲环境的物种，但它满足自身需求的策略却没法卖给我的客户，因为这样不太光彩，也不正派。"还好不是所有大自然的物种都能为你们人类活动提供灵感"，它叹了一口气，"当你从大自然中获取灵感时，你要注意，如果只是用人类的眼光去观察，你会发现，这是一个颠倒的世界！"它笑着回答我。我们所在的澳大利亚，正是这样一个颠倒的世界，从这种树的名称就能看出来，"澳洲圣诞树"是唯一一种不给人带来礼物的圣诞树，并且正相反，它直接从别人的商店中盗取礼物。

游泳池的保安

还有一节内容需要说明。但这一次，我打算采用传统方法，不要助手，也不要导游。我把仙人掌和它的感叹号一起放回架子上，作为对它向导工作的补偿，我给它喷上了一层薄薄的水雾。我打算通过传统渠道，去寻找明确的信息。我听说有一些系统能够限制微生物自由流动，除了能过滤细胞之间的水分之外，还能有效地过滤植物从外部获得的水分。因此，我想通过直接面试，来深入研究这个问题。

我的第一个面试对象是一种松科植物，名叫北美乔松（Pinus strobus）。它向我透露，它捐献出了一些器官，用于科学研究。根据约定，人们从它身上截取了一些树枝。这些新鲜的树枝被用作过滤装置，以获得达到微生物学标准纯净度，并且没有大肠杆菌污染的水（大肠杆菌是证明水源遭到粪便污染的主要指示物）。现在有许多不同的物理和化学净化方法都能达到这个效果，但所有系统都有一些局限，无法应用到各地，而这正是与我会面的净化专家最大的兴趣所在。

例如，基于沙子的过滤方法，体积大、管理难度高；使用滤膜则需要巨大的水压，得经常更换，并且价格高昂。在具备相应资源的情况下，滤膜的过滤效果很好。但在某些环境中，需要成本更低、一次性的滤膜，它们要能有效地过滤出清澈的水，并且水中不能有悬浮颗粒物，细菌含量也得维持在很低水平。

松树捐赠出来用于科学实验的新鲜树枝，在去皮之后，被固定在一个管道上，它们能够有效过滤所有直径小于 100 纳米的悬浮惰性颗粒，这比细菌的直径还要小很多。通过对受大肠杆菌污染的水源进行实验发现，只需直径 1 厘米的树枝，就能阻挡 99.9% 的微生物。所有这些微生物都被吸附在树枝上层，与水分离。

基于实验，只需给 1 立方厘米的树枝，施加 2—3 米的高度差距产生的压力，就能在 24 小时内过滤 4 升水，这相当于一个人一天用水需求。无需水泵，也无需昂贵的高科技，即用即扔。我在想，在把这个廉价的净化器装置推广到偏远地区之前，应当先推荐给那些极限真人秀的参与者。然而，把这些从大自然中获得的想法付诸实践的过程并不是自然而然的，也会受到限制。

想要把这个潜在的创意转化为具体产品，设计师会遇到很多困难，因为这种过滤装置并不能清除水中的病毒、金属或其他溶解的污染物质。尤其要注意的是，如果使用的不是新鲜树枝，而是干树枝，过滤效果就会大打折扣。因为组织细胞死亡后，会改变微生物吸附系统。尽管如此，北美乔松木质组织的微观结构，仍然是一个极好的线索，要想改善这个系统，人们需要对它进行更深入的研究。

接受采访的乔松跟我解释说，在实验中，所有细菌被吸附在树枝的微观结构中，这种结构在所有的硬木植物中都存在。但在那些最古老的植物中，例如松科，这些结构的尺寸是最理想的。鉴于树木需要把水分从根部输送到叶片，在此过程中，需要在高处有一个吸力。因此，树木需要强有力的运输导管，就像吸管那样。像在松树这样的植物中，运输管道是由相互横向连接的细长维管束，以及直径在20—500微米的气孔组成的（物种不同，直径也有差异）。

在自然界中，这种结构的主要功能并非过滤细菌，而是防止空穴现象[1]，即防止树干在吸水过程中形成气泡。因为这样会阻碍水分流动，给植物造成严重伤害。事实上，这种结构把整棵树变成了一种纳米材料，物种不同，其气孔直径和运输水分的功能也不同。这也反映在把树枝作为滤水装置的可能性中，即气孔越小，能够吸附的颗粒越小，但与此同时，对水流产生的阻力也会增大，也就需要更大的能量使水流通过。只要确定想要清除的微生物或悬浮物的大小，并选择拥有理想大小气孔的物种，就能仿造这些细胞的结构，设计出满足各种不同过滤需求的精确填充物。或许可以借助3D打

---

[1]　空穴现象，指在液流中当某点压力低于液体所在温度下的空气分离压时，原来溶于液体中的气体会分离出来产生气泡。——译者注

印设备，设计出模型。[1]

　　"当然，与其说这是帮助，不如说这是命运的礼物……"在致谢的时候，松树喃喃自语道。运气除了会帮助勇敢者之外，也会帮助那些关注周围世界，并能发现新事物的人，尽管表面上看，他们好像在漫无目的地游荡。即使是不重要的想法，也应当接收合适的肥料进行培育。当我在听"生活在云雾中的附生植物"（nebulofite）讲述它们的故事时，我也有同样积极的感受。这些附生植物特殊的细胞，能够有选择地过滤水分和养分，使进入到植物叶片的成分保持纯净。我对利用类似的系统过滤饮用水，清除悬浮颗粒、细菌和其他溶解物的可能性很感兴趣，这个目标与过滤专家的最初要求很接近。所有接受采访的植物，都证实了类似系统的存在，即透过细胞膜，帮助水分和微型中性溶解物，在单个细胞的内部和不同细胞之间渗透传输。

　　后来我了解到，这种结构有一个名称，叫"水通道蛋白"[2]（Aquaporin）。它并非植物特有，而是存在于几乎所有生命体中，包

---

[1]　纳米技术是对仿生学发展十分敏感的领域。借助一些以前不具有的技术和调查手段，人类能够描述和模仿新的植物。人类从模仿植物看得见的部分，慢慢过渡到能够模仿那些只有在显微镜下，或借助更强大的工具，才能看到的结构。

[2]　水通道蛋白（Aquaporin），又名水孔蛋白，是一种位于细胞膜上的蛋白质（内在膜蛋白），在细胞膜上组成"孔道"，可控制水在细胞内的进出，就像是"细胞的水泵"一样。——译者注

括我们人类。在人体中，它们负责调节肾脏功能和红细胞。这个发现使我十分激动，因为它提供了一个为了共同目的进化的例子，在所有的生物系统中都适用，并且存在于不同的有机体中。经过漫长的进化和打磨，它最终变得高效，且无所不在。

水通道蛋白首先在人体中被发现，之后在几乎所有生命体中都发现了这种蛋白。它们是一种位于细胞膜上的蛋白质，在细胞膜上形成细小的孔道，由于孔道狭窄，在偶极力与极性的作用下，只有水分子能够通过。水分子经过水通道蛋白时会排成一列纵队，而盐、糖、离子、脲、氨基酸，以及各种不同源头产生的次级代谢产物，统统被拒之门外。只需一秒钟，一个水通道蛋白就能让80亿个水分子通过，并同时过滤掉任何其他成分。水通道蛋白拥有极高的选择性，通过渗透力和简单的机械压力，能把任何溶解在水中的杂质过滤掉。

根据理论计算以及初步实验，植物和动物的水通道蛋白的渗透性，高于正常生物反渗透压滤膜，从而在过滤的能量消耗方面占据绝对优势。许多适应在咸水中生长的植物，例如红树属植物白骨壤 [1]（Avicennia officinalis），它根部细胞的水通道蛋白能够把盐分过滤掉，只让淡水进入。而含羞草叶片中的水通道蛋白能在叶片受到

---

[1]　白骨壤（Avicennia officinalis），一种红树林，也被称为印度红树林。

触碰后，帮助它迅速合拢。

植物细胞膜上的水通道蛋白允许水分交换，但会拦截对细胞有害的次级代谢产物，例如丹宁、生物碱、萜烯、黄酮类化合物。这套系统也是灵活的，经过改变后，某些物种能够运输和过滤其他物质。例如，在许多植物的根部，有一些特殊的水通道蛋白，使植物能从土壤中获取氨，而非水分；在水稻的根部，则存在专门运输硅的水通道蛋白，它利用硅在叶片中建造预防致病菌和入侵者的城墙。

我在想，水通道蛋白的这些特性，可以用来改进现有的塑料滤膜，用于过滤海水，净化含有矿物质的水，以及回收废水。当然，在过滤专家的实验室里，他们还有许多工作要做。例如，通过生物科学技术生产出这种蛋白质，并把它们应用在防水材料上。但他们支付我费用，为的是得到想法和创意，而不是现成的方案。我个人不太丰富的经验告诉我，存在一种有规律的趋势，即每一个有趣的创意，都是一个潘多拉魔盒，里面充满了变体、突变、离题和重新定制。就像大自然根据生命的每种需求，都找到了满足它们的方法，无论这些方法是肉眼可见的，或是分子级别的。我带着坚定的信念，去寻找那些有用的、基础的解决方案，但我找到的却是更高明的系统，它们比我想象的更好用。想要把这些系统转化成具体的工业产品，则需要在设计上转换模式。

我预想，提交给客户关于水通道蛋白的调研成果，一定会让他大吃一惊，但结果并非如此。虽然我描述的许多系统激起了他的兴趣，但是水通道蛋白被否决了。[1]"这是一个非常精致的系统，但可惜的是，它已经被竞争对手抢占了。2013年，一家丹麦公司已率先获得专利，并在市场上出售了基于水通道蛋白的滤膜。他们利用生物科技，通过细菌生产水通道蛋白，接着把它们用在防水滤膜上。他们用这套系统过滤海水和污染废水，看起来十分好用，只是我们来晚了。"不过没关系，这证明了我的思路是正确的，只是他人先我一步。看来，采用复杂解决方案的做法，正在市场站稳脚跟。

---

[1]　一家丹麦公司在几年前开发了一个名为 Aquaporin Inside ™的滤膜系统，目前在亚洲市场上能够找到。这套系统包含水通道蛋白，能够过滤水中的污染物和不同种类的盐。这套系统利用渗透原理，据估计，比起利用反渗透压技术的同类产品，能够将成本减少 80%。

第三章

"湍流中的少数游泳健将"[1]

---

[1] "湍流中的少数游泳健将"，拉丁语中的一个固定短语"Rari nantes in gurgite vasto"，出自古罗马诗人维吉尔的著作《埃涅阿斯纪》。

66 在美国颁发并在全世界有效的专利号 7955430、7686879 、

6919398，基于叶片结构研制的防污、防海藻的表面构造；专

利号 7799127，基于植物茎干研发的自我修复材料！竞争越来越激

烈，我们该如何应对？"老板挥舞着竞争对手的宣传册说。

"今天我们要应对的是另外一个问题。您知道我们在寻找投资

者，今天会到访一位对我们公司感兴趣的客人。您要说服他，让他

确信我们值得投资，但又不能夸大事实，他可是一位见多识广的天

使投资人，不是缺乏经验的投机商人。"

老板手持宣传册上演的这一幕，是想要通过夸张的舞台表现，

给我介绍一位潜在的投资者。这位投资者简要地向我解释了他的需

求，他想要弄清楚我们是否值得投资。他会给我提出一些特定的主

题，让我阐述植物的创新贡献和有益的工业成果。

自净表面、纺织工业、自我修复材料，这些都是投资人感兴趣

的课题。此外，还有我自己选择的一个领域，如果能够找到投资人，

也很有可能申请到专利。

自净的秘诀

老板提到的那些编号并不是彩票上的随机数字，而是真实的专

利号，例如那些有关自净表面的专利。我从公司的核心业务出发，

向客户解释，进化为植物抹平了所有多余元素，使它们的形态与功能得以完美吻合。植物凭借最少的能量投入和物质消耗，构建适应每一种具体环境的必需要素，没有浪费，不考虑美学，凡是不能为生存和竞争提供一个或多个优势的统统不要。生物多样性确保一个物种可能出现数千个变体，而自然选择只青睐那些能够适应竞争的变体，奖励那些真正能够满足植物生存需求的机制。有时候，这些机制也能与我们的需求相吻合。

现在我们要观察的植物是"湍流中的少数游泳健将"，那些少数的，但最有能力的弄潮儿。它们经受住了自然选择的巨大旋涡，就像埃涅阿斯和他最有能力的同伴。他们在海难中幸存，继续冒险之旅，而其他人注定要被遗忘，消失在深海中。向属于"少数游泳健将"之列的植物学习，从它们身上获得灵感，能够确保植物的优势更好地满足当前工业发展和专利认证的需求。植物的每个解决方案都是为特定环境定制的，并且不断被校正和打磨。它们需要不断探索，并改进策略，以确保资源的可持续利用。

在这些复杂系统的褶皱之间，善于观察的人发现了巨大的宝藏。例如，那些生产油漆、饰面和超疏水性材料的公司。以芋头（Colocasia esculenta）、荷花（Nelumbo nucifera）、甘蓝（Brassica oleracea）、金莲花（Tropaeolum majus）等植物为例，水珠可以在它们的叶片上毫无阻力地滑动，就像水银滴在玻璃上。为了将光合作用的效用最大化，植物的叶片表皮往往十分通透，就像一块擦得无比干净的玻璃。但想要家里的玻璃和车窗玻璃保持水晶般透亮绝非易事，因为雨水会带来尘土，弄脏光洁的表面。

植物需要避免水珠停滞不动，因为这样会给危险的致病微生物提供藏身之所。假如叶片是完全干燥的，上述情况则不会发生。干燥洁净的叶片是健康的，能够更好地发挥其功能。拥有这项技能的植物就是"少数游泳健将"，它们可以冒更少的风险，并且能比其他植物更有效地进行光合作用，从而在竞争的旋涡中得以幸存。

一些细致的观察者注意到，虽然许多植物没有保姆给它们做保洁，也没有黏鹿一样的皮毛，但它们的叶片却总能保持近乎完美的光亮、干燥与清洁。通常只需雨水的冲刷，就能把叶片表面偶尔附着的尘土带走。"比起我们人类，植物的方法显然不够新颖，但却十分有效。有人注意到，除了上述植物，美人蕉（Canna generalis）、紫锦草（Setcreasea purpurea）、冬瓜（Bennincasa hispida）也演化出了类似的系统。虽然系统之间有细微差异，却都能达到防水的目的。当研究人员发现这种现象出现在亲缘关系很远的不同植物中时，他们脑中的创新之灯就会点亮，因为这表明它是一种有效的策略。"我说这些，是为了强调共同进化带来的优势。

自净的秘诀并不是强效清洁剂，而是叶片的特殊构造，以及叶片表面覆盖的蜡质层。叶片表面有几微米高的突起，有的形似乳头，例如荷花；有的状如圆锥，例如番樱桃大戟（Euphorbia myrsinites）；甚至有的由硅元素颗粒构成，例如问荆（Equisetum arvense）。突起形成了凹凸不平的表面，就像鹅卵石铺成的地面。另一个共同特点是，这些突起都被包裹了一层水晶般的蜡质层，形成几纳米高的杆状物。芋头叶片的结构更加复杂：凸起的六边形细胞上有半圆形的乳头状突起，上面还覆盖了一层鱼鳞状的晶体，整个叶片表面就像一顶带有毛球的羊毛贝雷帽。

"植物叶片晶状粗糙表面的纳米结构形态各异，雷公藤（Regnellidium diphyllum）是管状的，芋头是鱼鳞状的，刺槐（Robinia pseudoacacia）和轮花大戟（Euphorbia characias）是玫瑰花状的，蓝桉树是管状的，菜花是杆状的。重要的是，这些结构都必须小而尖。很显然，植物在这方面并没有发明任何东西。"我解释道，每个物种中的少数游泳健将都经历了不同的湍流和漩涡，从而把一些特性传给下一代。这些特性与增强叶片表面疏透性和迟滞现象 [1] 有关，不同形态的蜡制晶体正由它们决定。

当水珠接触叶片表面时，不会打湿叶片，也不会在叶片上散开，而是能够保持接触前的球形。叶片微型杆状构造和凸起形成的表面

---

[1]　迟滞现象（Hysteresis），指任何其结果滞后于起因的物理现象。——译者注

越是凹凸不平，水珠就越能保持球形。球形水滴就像玻璃弹珠，当表面倾斜或受到外力时，就会从叶片上滚落到地上。叶片粗糙部分面积越大，附着力就越会受到抑制，而粗糙部分之间的平坦空间越大，水滴就越容易附着在叶片上，滑动速度就越慢。

"可能看似与直觉相反，叶片表面越光滑，水珠流速越小；反之，摩擦力会减弱，流速就会增大。"把这一现象转化为专利的人证实，蜡质层和皮膜改变并控制着水和叶片接触的角度。如果是钝角，越接近 170 度，水珠越能保持球形；如果是锐角，水珠就会被压扁保持不动。

实际上，水滴与超疏水性叶片的接触面积极小，它们接触的是叶片的微突起结构。这些微突起相互传递水滴，就像"手递手"传接包裹，包裹永远不会接触地面。因此，叶片的疏水效果不是通过化学手段带来的，而要归功于叶面的三维物理结构。植物也能通过调节微突起的密度和形态来控制水珠的流动。例如，芋头和莲花（"莲花效应"因此得名[1]）的叶片微突起结构是均匀分布的，水珠能向各个方向流动（因为叶片是水平的）；而水稻和大麦的结构呈线性分布，因此只允许单向运动，即向上或向下（因为叶片是纵向

---

[1] 莲花效应（Lotus effect），指莲叶表面具有超疏水性以及自洁的特性。——译者注

的）[1]。

植物世界中的许多系统都是可塑的，此处也不例外。根据"少数游泳健将"所要战胜漩涡的不同，这个系统可以拥有不同的变体，使叶片呈现出从超疏水性到超吸水性的不同特质。例如，落在巴西野生矮牵牛花（Ruellia devosiana）叶片上的水滴无法逃走，而是会像肥皂泡那样被困住。因为这些植物的蜡质层不是杆状的，而是光滑的片状。同时，叶片是完全平坦的，能够牢牢地黏附水滴，在接触叶片的瞬间，水滴的形态会被破坏，并完全在叶片上散开，形成一层薄膜，把叶片打湿。

吸水性和超透水性表面能够帮助猪笼草（Nepenthes）留住水分，造成昆虫"水滑"[2]（aquaplaning），掉落到陷阱中。许多生长在干旱地区的植物，能够利用这种结构，从叶片中吸收水分或加快蒸发速度（水膜的形成会加快这一过程）。

"从理论回到实践是我们的特色，上述案例中的水滴也能替换成其他任何液体。此外，由于水珠能够在超疏水性表面自由滑

---

[1] StoCoat® Lotusan® 很有可能是最著名的仿生学商业范例。这是一种表面防水油漆，自 2005 年起开始销售。这种油漆能够最大限度减少附着在建筑物和古迹上的污染黏着物、海藻和微生物。它基于一种丙烯酸材料，干燥时能够制造出类似于疏水叶片蜡质层的微凸起结构。

[2] "水滑"现象，指当物体的平滑底面在水面上高速运动时，由水动升力支持部分底面与水面接触而产生的滑行现象。——译者注

动，因此脏东西很容易被清除，从而保持叶面清洁。"我直中要害地说道，"此外，只需水珠流动，就能达到自净效果，也是这些系统进化出来的原因之一"。超疏水表面如此有效，以至于只需不伤及表面的轻轻冲洗，就足以清除打印机墨粉般极微小的颗粒。水滴滚落叶面时，能够有效地把脏东西带走，正如桉树（Eucalyptus pleurocarpa）的自净原理。因此，那些生产防污、防水产品的企业赚了大钱。[1]

"物理清洁是个有趣的概念，因为这能避免使用污染性表面活性剂，并能清理那些难以到达的死角。"唯一的听众打断了我，"但我们能大规模复制这些材料吗？否则虽然看似诱人，但却是个不挣钱的买卖。"我向他解释，超疏水叶片表面的特殊粒面结构是可以复制的。首先，要从中推演出一个数学模型，再采用其他更加坚韧的材料替代，最后通过聚合作用的控制性反应、电解沉淀以及特殊的石版印刷技术来实现。目前，已有上述技术的专利和不同的商业应用案例，例如保护古建筑免受空气污染的油漆、防水藻瓦片、防污织品以及能够防止微小水颗粒的玻璃和镜片。

---

[1] 目前市面上已经有一些防污产品，例如 Schoeller 公司的 NanoSphere® 和 BASF 公司的 Mincor® TX TT。这些产品也是基于与叶片保持清洁相同的物理原理。它们表面布满高约 100 纳米的突起，能够防止液体附着。它们被应用在科技服装或遮荫棚上。类似的防污油漆也在飞机机翼表面进行测试，以减少由于脏东西和昆虫造成的磨损。

"自 1998 年以来，这些材料就已被申请了专利。例如，德国高速公路上的测速监控系统，就安装了受到叶片表面结构启发的超防水镜片，从而防止雨水和雾气弄脏传感器的物镜。其他已问世的产品和专利，与盛放液体的容器有关。这些容器使用防粘材料，能使液体在倒出时避免黏附或浪费。在医学领域，这一原理启发了医学设备的升级。新材料被运用到透析器、导管、心脏假体，以及其他医学装置中，用于包裹上述设备内部的塑料和金属部分，从而避免血小板的黏附，或凝块的形成。此外，由于不会有液体黏附，也能够降低细菌感染的风险。[1] 许多在这些领域投资研究的初创企业，目前已从他们的工作中获得了回报。'莲花效应'（Lotus effect）是解释这些系统原理的术语，甚至这个术语本身也被注册成了商标。"[2]

客户对这个回答似乎很满意，我决定乘胜追击，进一步解释说，找到自然系统运行的原理比简单模仿可能收获更大。事实上，仔细观察自然机制的基础，能够提升我们的能力，满足市场原本没料到的需求。例如人厌槐叶苹（Salvinia molesta），这是一种繁殖能力很

[1] 美国初创企业 SLIPS Technologies (Slippery Liquid-Infused Porous Surfaces) 从 2014 年起，将一种特殊材料投入商产。这种材料十分光滑，不仅能够防止液体的黏附，还能够防止生物薄膜的形成和生物材料的黏附，例如血小板。这是一种受猪笼草启发的多孔材质，能够用于包裹生物医疗用途的金属和塑料。

[2] Lotus-Effect® 这一商标由美国公司 Sto AG 注册，他们生产 Lotsan 品牌的油漆。

强的水生蕨类植物，它也利用了一种与上述案例类似的适应机制。在航海领域有一项小但重要的工作，就是定期清洁浸在水中的船体。因为时间一长，位于水下的船体就会积累脏东西，被植物、微生物、软体动物入侵。它们不仅会侵蚀船体表面，还会增大船体在水中航行的摩擦力，进而增加燃料消耗，并且清理成本很高。

人厌槐叶苹的超防水能力得益于叶片表面布满的毛状体，且毛状体表面覆盖了一层蜡制晶体，只有毛状体顶端具有吸水性，它们特殊的构造看起来很像奶油搅拌器。它们能让水流在叶片表面滑动，从而在任何情况下都能确保表面干燥。毛状体在植株浸入水中的部分，同样发挥着作用。水下的毛状体能够在叶片和水流之间，制造出一个薄薄的空气层。对于水生植物而言，这个空气层有助于它们进行必要的气体交换，用于水下光合作用，并且使它们能在湍急的水中漂浮。作为"少数游泳健将"中的一员，它虽然不是空心的，但却不会沉没，并且能避免各种形式水垢的形成。航海产业对于清洁和减少吃水兴趣极大，因为这能增强"气垫船效应"，减少水面航行的阻力，从而更好地保护龙骨，并减少燃料消耗。据估计，一个类似人厌槐叶苹那样的轻薄空气垫，能够减少50%的吃水阻力，增加15节的航行速度，并减少大约10%的化石燃料消耗。

"我们还不具备像植物那样出色的漂浮能力，要做的工作还有很多，也需要更多的投资。目前已经出现了一批专利，此外，人们对于其中潜在的商业价值，以及减少航船运输过程中环境影响的技术很感兴趣。"[1] 我最后要举的例子恰好与环境主题相关，即超吸水特性在建筑用光催化板中的应用。

光催化板表面覆盖了一层二氧化钛，在光照的催化下，能使空气中有机污染物的分子断裂，最后只生成二氧化碳和水，以达到减少空气污染的效果。光催化板的效用得益于水汽的均匀分布：污染物能溶于水，当接触面越大越薄时，光催化降解的效果越好。这可能受到巴西野生矮牵牛花的启发，这种超吸水性植物进化出了一套精妙的机制，人类模仿它，并将其用于制造光催化板。[2]

"人类向自然学习的顺序总是这样的：首先，在自然界中发现一种现象，然后对此进行解释并消化理解，接着，确认可以应用的领域，最后，进行复制和商业化。我们的工作涉及各个阶段，当这些'少数游泳健将'从漩涡中浮现时，我们直接采访它们。"

---

[1] 自 2007 年以来，一些新型船体设计专利模型（专利号：US2011070421）开始接受评估。受到人厌槐叶苹漂浮原理的启发，这些船体表面被类似结构覆盖，能够减少船体在水中 30% 的阻力。

[2] 受这些植物启发的超吸水性材料正处于评估阶段。它们可以用于包裹湿度调节器（既包括工业用的，也包括家用的，像空气调节器），以提高蒸发的效率，并减少能源的消耗（似乎能减少 5 倍）。米兰世博会上，意大利馆外观就包裹着二氧化钛，能够光催化降解污染物，类似于巴西野生矮牵牛，水汽分布越平均，降解的效率就越高。

植物，照顾好你自己

　　为了说服天使投资人，我要面对的第二个主题，是应用领域更为狭窄的自我修复材料。我需要开展一些细致的研究，从观察植物的一段逸事、一个发现或是一段讲述出发，一直到实际应用、申请专利或具体产品。

　　"面对一项明确的需求，仿生学首先分析自然界中类似的问题，评估进化发展进程中出现的应对方案，接着找到这些方案背后的机制，并从中推演计算出一个模型，最后尝试去复制这个机制，如果必要的话，使用其他材料。"我平静地对投资者说。"这个顺序准确描述了您感兴趣的第二个领域，与自我修复材料相关的专利，直接受到植物的启发，能够被广泛用于建筑行业和塑料产业。"

　　植物的启示给许多不同领域带来了丰硕的成果。例如，在防水材料领域，植物应对方案的灵活性，能够与人类需求的多样性完美结合。有些领域受到一些特定问题的困扰，例如橡皮艇和气动支撑梁张拉结构 [1] 的修复问题，它们只有内部气压保持稳定，才能发挥特性，因此这些结构害怕气孔。然而，适用于轮胎的防爆技术却无

────────────

[1]　张拉结构（tension structure），对具有可延展性的材料或构件进行拉伸所得到的结构，如织体结构和薄膜结构。

法应用于上述对象,第一是因为它们无法滚动,第二是重量问题。但这也带来了商机,因为市场需要新的"自我修复"技术,要能兼顾效率与重量问题,并尽可能减少人为干预。

"我就开门见山,不拐弯抹角了。我要给您介绍的这个专利,受到了一种攀缘植物的启发,它们是那些生活在街角荒芜地区植物中的一种。它们入侵栏杆,攀附路灯,并使其他灌木窒息。它叫大叶马兜铃(Aristolochia macrophylla),能开出奇怪的烟斗形状的花,有危险的毒性。但灵感并不来自花或毒素,而是植株的茎。"为了能够缠绕碰到的支撑物,这种植物需要一种柔软的茎,只有这样,它才能不费力地缠绕攀附在其他物体上;同时,它又必须具有一定的韧性,能够承载重量,并保护植株最内部的结构免受冲撞和其他损害。

基于上述所有原因,马兜铃新生茎的外表皮下,有一个细长的、由厚壁组织纤维组成的圆柱体。细长的厚壁组织细胞死后木质化,会变得像石头一样坚硬,并且彼此相连。这个结构在增强茎强度的同时,又不会破坏其韧性。组织纤维和圆柱体使茎能够向各个方向弯曲,即使角度极大也不会断裂。

"它们就像弩上的弓,能够有力地弯曲,但不会折断。"一边说着,我在空中做出了拉弓的动作。然而,其内部还有其他组织,如传导组织,用于在叶片和根部之间输送液体。在生长过程中,植株的这些组织数量增多，体积变大，茎的直径也会随之在第二和第三年变大。

伴随植物生长，传导组织会在坚硬的圆柱体内部膨胀。圆柱体能够承受一定范围内的压力，一旦过载，它就会在多个点横向断裂，组成圆柱体的纤维会相互脱离，就像布鲁斯·班纳从一个内向的科学家变成无敌浩克时，衣服随之爆裂。裂缝对于植物而言是个严重的问题，因为不断扩大的裂缝会有伤及表皮的风险。若裂缝沿着茎扩散，就像袜子抽丝，会造成伤口和裂痕，并带来严重危害。与绿巨人不同，马兜铃在生长过程中没有新衣柜，它也无法借助外部力量来封住裂缝。因此，进化给它带来了一种特性，用于解决这个问题。这个特性首先出现在"少数游泳健将"身上，再通过它们传到整个物种。

是马兜铃的自我修复系统阻止了裂缝的蔓延。这套系统需要借助另一个细长的圆柱体，它位于先前圆柱体的内部，由薄壁组织构成，这也是一个特殊商业专利灵感的源头。薄壁组织由活的圆形细胞组成，组织壁富有弹性，并保持膨胀承压状态。这是因为组织内部有极为丰富的水分，它们就像鼓起的球，位于坚硬的厚壁组织和内部组织之间。当坚硬的厚壁组织圆柱体断裂时，薄壁组织积累的势能，能够使球形细胞在短时间内突出来，从内部填充破裂造成的缝隙，防止其蔓延，随后，填充细胞变成厚壁组织。随着细胞死去，富有弹性的细胞壁变得像石头一样坚硬，进而修复原来的结构。

总结如下，"人们从植物的演化中，找到了一种用于维持内部压力和自动修复裂缝的机制，接着人们利用工业材料复制了这套系统，通过膨胀结构自动修复裂缝和小气孔"。

在复制这套系统时，人们用到了一种泡沫，它由处于承压状态的聚氨酯泡组成，位于充气结构的内外层之间。当外层坚硬的塑料材质断裂时，泡沫会像马兜铃的薄壁组织细胞那样膨胀；与空气和阳光接触后，泡沫会硬化，从而自动修复裂缝。泡沫的原理模仿了植物细胞的形态和变化，它能有弹性地形变填充气孔，从而阻止漏气和裂缝扩大。借助这种材料，出现气孔或裂缝的橡皮艇或气动张拉结构，能够撑到进行必要检修，或全面维修的时刻。现有的模型能在短时间内修复 5 毫米宽的气孔，为之后的修复赢得时间。

智能织物

"我很满意，但您知道，我想要的更多。现在我们来看第三个主题，纺织业。您已经跟我提到了受植物启发研制出的防水织物，现在我想得到一些真正有创新性的东西。"对话者并没有降低他的防御姿态。因此，我采用了与之前相反的方法，即先从抽象的概念出发，再去寻找可以复制的应对机制。

假设我们为一种"智能"织物找到了一个潜在市场，这种材质能够随着体温的改变，自动调节透气性，从而使穿着这种织物的人保持凉爽。我们要对预期结果有着明确要求，对于衣物而言，透湿透气的性能是至关重要的，尤其在出汗特别多的时候。出汗增加，会使皮肤和衣物空隙间的微气候湿度增大，让人感到不舒适。汗水会浸湿衣服，甚至会制造出有利于微生物繁殖的环境，尤其是在腋窝、腹股沟和足部。我们还要记得，在这一领域的每一项技术，都应当能够与纺织纤维完美结合起来，既不能突兀，也不能改变纤维的柔韧性、柔软性和可加工性。换句话说，功能性应当由纤维本身决定，而不是外加的东西。

"接下来给仿生技术人员提出的问题是，自然界是否存在这样一种系统，能够根据湿度的变化，调节空气流动？答案是肯定的，并且存在不同类型的系统。其中，最符合要求的一种，来自于松树的球果。"我跟客户解释道，并把话题转移到植物世界。当环境理想、适于播撒成熟的种子时，松果的鳞状外壳会打开。对这些植物而言，"理想"的环境，等同于"干燥"的环境。这时，不仅雄性球果会打开向空气中播撒孢子，那些保护胚珠的雌性球果也会打开。

辐射松（Pinus radiata）的鳞状外壳与许多其他的球果植物相同，都由两层不同的组织构成。在湿润环境下，外层比内层更快地吸收水分而膨胀，果球处于关闭状态。当空气干燥时，外层蒸发失水的速度比内层快，进而收缩。由于内外层紧密连接，为了保持形态，外层就会弯曲，从而打开球果。种子和孢子在气候干燥的季节扩散，胚珠也在此时暴露出来。当通风良好时，风媒传播的效果会更为显著。[1]

"参考植物世界的方案，人类的需求借助一种具有相似特性的多层材质得以满足。这种材料的内层是吸湿的，当人们出汗时，它会弯曲打开，提高透气性，相反，当内部空气更加干燥时，它就会关闭。"很显然，人们对自动调节透气性材料的需求跟松树是相反的，因为人体内部的湿度大于外部。因此，受到植物启发，人们研制出了一种新型材料，为其申请专利，并投入商业化生产。这种材料的纤维，由两种合成聚合物构成，它们被锁在一根线上，其中一种是吸湿的。当它吸收水分时会形成张力，从而使两种聚合物向身体方向逐渐卷曲。当人体出汗释放出水蒸气时，一系列的小孔（每二百分之一毫米一个孔）会打开，从而能使内部湿气排出，外部新鲜空气进来，这样就增加了衣物的透气性，使穿着的人感到凉爽。

---

[1] Stomatex® 是一种氯丁橡胶材料，带有微小的圆顶，中央有开口。当材料平整时，开口是关闭的，当出现褶皱时，开口打开。圆顶中能够储存蒸汽，当裂缝打开时，蒸汽被释放出来。表面上，这种结构是在模仿植物叶片用于空气交换的气孔，但实际上是一种完全不同的系统，与自然界的启发无关。

在干燥的情况下，小孔会保持平坦，减少空气流动，增加这种材料的保暖特性。[1]

"智能"材料可以满足本地需求。这种材料利用对水的敏感性，能在身体不同区域，给出不同回应。无论是暴露在空气中的干燥区域（如胸部），还是在更加潮湿的隐秘部位（如腋下），它都能避免衣物吸汗形成污渍。"在您问之前，我先告诉您，受到松树启发，一家英国公司和一家瑞士公司于2004年研发、商产了这种材料，并把这项技术卖给了多家科技和运动服装公司。"

四个复杂的词

天使投资人最后发起的挑战是"臭名昭著"的自由发挥环节，我需要简要介绍那些潜在的、有待进一步完善的创新。"我想要的不是一项已经存在的专利，而是一个可能存在的创意。"投资人对我说。面对这种情况我也有所准备，因为很长时间以来，我的口袋里一直装着一段简洁明确的"电梯演说"，即那些所有精明的商人都要知道的，在5分钟内说服投资人的介绍。可以用具有

---

[1] C-Change 是一种由聚合膜制成的材料。它在受热的情况下扩张，让空气得以流动，而当气温降低时，材料收缩。因此，它能在不同环境中起到保温或防水蒸气的效果。这一功能正是受到植物吸水组织的启发。

巴尔泰扎吉 [1]（Bartezzaghi）风格的四个词来应对这一挑战，它们是 obroidrocoria, igrocasia, triboelettrico, piezoelettrico。第一个词的含义是通过雨水扩散种子，第二个词指的是果实伴随雨水打开，最后两个分别是指摩擦起电和挤压起电。[2]

"电梯演说"圣经告诉我们，要从待解决问题出发，因此我恭敬地从后两个词开始说起。在蓬勃发展的可再生能源领域，许多发明者正投入时间和资源，研究如何通过摩擦和变形特定的材料以获取电能。"尤其对于那些易耗散的、缺乏合适系统去收集、转化的能量，例如走路、汽车轮胎摩擦、震动、海浪和雨水产生的能量。雨水正是我们从植物世界寻找灵感的重要切入点。"我紧跟着说。

微型摩擦发电机通过摩擦两个带有相反电荷的表面产生电流，压电发电机则是通过挤压含有绝缘晶体材料的两极，使其形变产生电能。运动的电子数很少，并且只有能够免费获得使电子运动的能量，游戏才有价值。通过一些方法，能够提高这两种发电方式的效率，例如改变接触面的摩擦力，或制造压力和晃动（如借助持续的、免费的外部冲击，使发电结构摇晃，就像雨水拍打带来的效果）。

---

[1]　斯特凡诺·巴尔泰扎吉（Stefano Bartezzaghi, 1962— ），意大利作家、记者，擅长出高难度字谜。——译者注

[2]　摩擦起电效应（英语: Triboelectric effect），指通过摩擦的方式使得物体带上电荷；压电效应（英语: Piezoelectric effect），指当压电效应材质的应变片改变形状后，产生电压。——译者注。

雨水的动能越大，摩擦和摆动的力度就越大，产生的电能也更多。植物在这时登上舞台，更准确地说，是一些生活在干燥地区，只能周期性地集中获得降水的植物。

在漫长的演化过程中，植物王国中的"少数游泳健将"发展出了各异的种子播撒系统。它们借助各种力量，例如风能、重力、虫媒，当然还有水能。尤其是借助雨水扩散种子的植物，它们的专长就是让自己的种子漂浮在雨水开辟出的小溪中流向远处。一些植物只能让自己的种子掉到地上，但也有一些战胜了进化的旋涡，凭借的是凡尔赛宫风格的喷泉，还配备了水上滑梯和吸湿传感器。

"番杏科植物（Aizoaceae），尤其是龙须海棠（Mesembrianthemum）、鹿角海棠（Astridia）、华贵草（Bertolonia）、银鱼（Cephalophyllum），能够利用雨水的动能把自己的种子抛到远处。它们果实的形态和大小，使这种抛投能力逐渐趋于完美。这种系统有很高的复制价值，只要有人决定投资。"我眨眼示意道，"以植物呈现的原理为基础，人们可以建立一个收集雨水动能的模型，再通过摩擦或挤压效应，将其转化成电能。但想要达到目标，需要投入资金，研究生物系统及其优势"。

番杏科植物家族中的"少数游泳健将"拥有众多适应特定气候的手段，其中一项是在适宜的条件下抛撒自己的种子。随着降雨到来，植物会同步抛撒种子。因此，在自然选择的旋涡中，它们比同类植物获得了更大的生存优势。因为它们的后代能在远离母株的地方发芽，无须与母株竞争资源。同时，它们到达的环境可能更有利于发芽，只需有一场足够大的降雨，抛洒系统就会被激活。此外，这些种子还拥有一个优势，即它们会散落在相距较远的地方，因此不会相互打扰；但同时又不会过于分散，从而能够获得同样的土壤、气候和光照资源，有助于种子发芽。

番杏科植物的母爱，体现在它那形态独特的果实上。降雨前，龙须海棠将自己的种子藏在一个果实育儿袋中，外面包裹一层干燥的蒴果。这样，它们便可免受蚂蚁、动物、细菌或其他危险的侵害。蒴果的组织与透气组织具有相同的特性：假如气候干燥，组织脱水，种子的出口就会关闭；一旦出现降水，出口就会由于湿度，在短时间内打开。果实除了能够伴随雨水打开，它还具有一些特性，能把降水带来的好处最大化。果实的形状呈花盆状，能够缓慢收集雨水，而种子就藏在果实内部的微小虹吸管系统中，雨水会逐渐填满果实，并漫过虹吸管。最初的雨水能够调节系统，并使种子漂浮，但只有雨水充满果实时（一部分雨水会从果实中洒落，因此土地是足够湿润的），后续的降雨才会激活喷洒系统，将种子发射到远处。

宝绿（Glottiphyllum linguiforme）的种子同样位于一些小室中。当种子漂到表面时，会遇到一个薄膜系统，它能够把种子带到一个喷嘴形的褶皱处，并把雨水的动能最大限度地转移到种子身上。凭借这股力量，种子能被发射到 160 厘米开外，这个距离超过整个植株高度的 10 倍。当环境变得干燥时，果实就会关闭，如果有一些种子没被发射出去，就只能等待下一次降水。但生产可再生能源的潜在优势，并不在于利用种子的动能，而是最大限度地模拟果实的形态和平衡。而后者是几百万年来演化的产物，它们不断完善并改进对雨水能量的利用。

通过研究果实的生物系统和形态，人们发现龙须海棠、鹿角海棠、华贵草、银鱼和宝绿有一些共同特性，即它们都拥有一个纵向的花梗，在花梗的顶端有一个奖杯状的、能够收集雨水的小室。

"正是在这些不断被优化的形态中，蕴含着人们可以向植物学习并加以利用的元素。人们可以把这些进化的礼物，用于摩擦起电或挤压起电。"我向兴趣越发浓厚的对话者解释道。那些落在奖杯边缘的雨水会溅起来，使果实发生晃动。经过计算，人们发现雨水掉落的位置，决定了能效的大小：雨水滴落在奖杯边缘产生的能量，比滴在果实中央产生的更大，从而能够更有效地给种子加速，其加速度是在平面上获得的 4—5 倍。

掌握这项技术的植物还有一个有趣的共同点，即所有奖杯状小室的大小都大致相同，直径 3—5 毫米，比雨季时雨滴的直径稍大，这样能够增大不对称性冲撞的可能性。所有小室都几厘米高，位丁植物短茎上，茎的长度能够把由于奖杯失去平衡产生的弹力最大化。实验证明，决定种子射程尤为关键的参数是奖杯的倾斜角度。对于类似品种，但不依靠雨水传播种子的植物果实，角度在1—65度；对于依靠雨水传播种子的植物果实，角度则在30—50度之间。

角度、花梗的长度和雨水撞击的位置，共同决定了转移能量的巨大差异。从数据上看，离散的撞击比落在中心的更常见，而撞击带来的晃动产生的能量，前者是后者的三倍，因为支撑奖杯的花梗进一步放大了弹性。

"如果人们想要通过挤压或摩擦某种材料获得电能，晃动是极为关键的。"我解释道。对于所有这些能够极好地满足植物需求的适应机制，我们感兴趣的只是其中的某些特性，以及从中推演出有用模型的可能性。这能帮助我们投入最少的时间和最低的成本，设计出摩擦起电或挤压起电材料，并将其运用到屋顶或其他表面。行得通吗？行不通吗？这取决于人们是否愿意投资这种获得新思路的方法，即从观察自然界生命的基础机制出发，在发现中获取养分。同时，思考如何尽可能地保持思想的蓄水池，也就是我们生存环境的完整性。

"利用几百万年来偶然产生的模型是令人振奋的，也是聪明的做法。您是怎么发现这些东西的？跟植物说话吗？"对话者问我。我毫不羞愧地点头，希望我的工作不是白费工夫。

第四章

瑞士军刀

❝ 我听说，植物世界中实行着严格的筛选、准入标准，它们会挑

选朋友和敌人，谨慎地与不愉快的邻居打交道，并且懂得结盟
和招募军队。我发现，它们能够处理复杂的信息、设计精妙的防御
策略以及科学地管理资源。但我想要知道的更多，对我而言，一张
仅仅由毒药或新武器组成的清单是不够的。关于这些主题，我们有
太多的专利。我所感兴趣的是那些中长期的行动计划，能够用于建
造在战场上分享信息的综合系统的创意。"

这段话出自我的新对话者，这无疑是一位性格坚决的人物。领
导郑重地把他介绍给了我。

"我代表一家军方智库，我们分析数据，给出建议和预测，并
寻找机会与资源。我们团队里有科学家、军人、技术和经济专家、
心理学家和历史学家，所有人都致力于设想有关战争的策略、场景
和创意。我们需要不断地向头脑风暴中引入新的观点。"

"为了避免静态僵化，思想的蓄水池需要经常性地注入新的思
考方法，多样性是至关重要的。许多我们的竞争对手正在集中精力
研究动物行为，即'群体智能'[1]（Swarm intelligence），而我们对向

---

[1] 群体智能，指源于对以蚂蚁、蜜蜂等为代表的社会性昆虫的群体行为的研
究。——译者注

植物学习更感兴趣。因为在我们看来，这是一个不寻常的视角。"[1]
有了之前无数会面的成功经历，我向他保证，发现新创意应该不成
问题。此外，是植物自己在详细讲述这些策略、战术、计谋，我们
人类再把这些放进熔炉中淬炼，用于永恒的战争之中，不管是冷战
还是热战，白刃战还是包围战。我认识到，战争作为许多战役之和，
并不是描述植物王国最恰当的比喻，当然，这里有残酷的冲突，但
却不存在决定性的胜利，交战双方总是在不断地打败对手并被对手
打败。冲突的结果从来不是某种植物或其竞争对手的完全消失，而
是武器和战略的再次调制，其目标总是控制损失。从成本的角度来
看，完全消灭竞争对手是一个不可持续的目标。

　　我知道，对于植物和它们的竞争对手而言，战争事实上是一
个巨大的、无尽的竞技场，一场永无休止的象棋比赛。在这场比赛
中，大自然会筛选出那些能够用最小成本获得最大产出（防御或是
进攻）的最有效、最平衡的系统。通过观察植物并深入它们的思想，
我发现的不是田园牧歌的浪漫世界，植物世界的生活并不平静安
宁，邻里之间也绝非以礼相待、和睦相处。我面前展现的世界充满
了围剿和战壕：植物坚守在它们的领地上，被迫处在防御状态，而

[1]　Bluetronix 和 Swarm Intelligence 公司通过模仿蜜蜂、鱼类、蝗虫、蚂蚁和白蚁，
开发出了新型策略，能够管理大量数据，以及没有分层的复杂建筑基础设施。研究
利用植物的去中心化机制，是一个有待探索的新领域。

非进攻状态，但它们演化出了立体化的战争策略，能够在不同层面不断阻击对手。这无疑能够满足智库研究员的需求。

在与植物王国的军事家们对话的过程中，我发现了它们战争艺术的两个核心要点：第一，关注成本和效率；第二，不依赖单一武器，而是多种武器并用。为了使投入的军费和资源与实际获得的结果相平衡，在战场上，植物极少会以保存所有士兵为目标，必要时，它们会牺牲一些士兵以保护自身或整个物种。制造物理或化学防御屏障总是有成本的，这会消耗原本用于生长的资源。因此，植物需要在成本和结果之间仔细地寻找平衡，即使在敌人口中损失几片叶子也在所不惜。举例来说，假如植物生长得越快，就越能更加经济地制造屏障，那它们就会通过生长来进行防御，而不是去武装防御系统。植物选择猎枪而非单颗狙击子弹的做法，能够很好地应对敌人和困难。借助灵活的武器，植物能够打击数量众多且各异的敌人，从而达到成本和结果的平衡。

我向客户介绍完毕。关门的时候，领导明确地向我发出指令，"白色手套、绝对审慎、严守纪律、态度严肃，最后，不许离题"。我知道，只有最后一点会给我带来问题，因为离题既是我本人，也是我的缪斯的特质。

红色的伪装

为了整理脑海中的思绪，我走出办公室。我想起了我的爷爷，像所有他那一代的人那样，他总是在口袋里装一块擤鼻涕的手帕。手帕变色的速度比 Lady Gaga 的着装变化还快，对于之后要清洗它的人而言，这并不是一件令人愉快的事。那个方形的棉花万花筒是爷爷的百搭牌[1]，他能够在遇到任何紧急情况时把它拿出来：擦鞋、清洁苹果、擦刀具，坐下的时候铺在地上保护裤子，钓鱼时盖在孙子头上遮太阳，擦挡风玻璃上的雾水，擦汗、擦拭油滴，以及各种创造性的用法。当然，少不了它的"首要"用途——擤鼻涕。

爷爷的手帕是一个"可塑"的工具，这是我在研究植物防御策略时学到的概念。它能够应对当下各种需求，在任何问题面前，手帕的多功能性都使它格外宝贵。一块手帕，多种用途，它就像一把瑞士军刀，也像植物的次级代谢。像植物一样，当然也会变色。当我在思考眼前这位订购战争武器的客户的需求时，伴随我童年的英雄棉手帕在脑海中浮现。我观察着办公室前公园里的灌木丛，惊异地发现了若隐若现的红色。

---

[1]　百搭牌（jolly），纸牌中可作任何点数的牌或王牌。

植物在冬季和春季之交呈现渐变的红色并不罕见。再仔细观察，这是由于许多树木的胞芽是微红色的，或许多灌木在冬季末尾树枝变红造成的。红色也是一些植物初生新叶的颜色，例如观赏性的枫树、某些黄栌属植物（Cotinus）、蓖麻或樱桃李（Prunus cerasifera）等。如果你注意观察平原上果园的早期变化，或观察郊外小别墅篱笆内，那些复苏的、不甚高贵的石楠属植物（Photinia，即"红罗宾"），可能会发现，在纯绿色的春天，红色是一种时髦的颜色。石榴的初生嫩叶是铁锈色的，观赏性玫瑰的新芽是酒红色的。南天竹（Nandina domestica）和臭椿的叶片最初也是红色的，随着温度的回升才变成叶绿色。叶绿色是光合作用的完美色，能够带来最大化的产出，这也很自然地决定了绿色是植物复苏阶段的主导色。因为在此阶段速度是最重要的，率先生长的植物会遮蔽对手的光照，从而获得在夏季生长的优势。

在这一关键阶段，为什么许多植物还要投入资源生产各种不同类型的红色素，而不是生产更多的叶绿素呢？再者说，朱红色会吸收一部分光线，难道不会盖住叶绿素吗？在这样一个被残酷竞争主导的环境中，这似乎是一种缺乏效率的做法，一种浪费，甚至是一种弊病。我被这个发现所吸引，走进了公园。我谨遵爷爷的教诲，用擤鼻涕的手帕，把长椅上的水汽擦拭干净。我像一位退休老人，坐在朱红色的灌木间，探寻它们看待事物的视角。

"亲爱的，您要知道，春天不仅植物世界万物复苏，那些食草性昆虫也会醒来……于我们而言，它们意味着痛苦之源，因为它们醒来时肚子是瘪瘪的。现存的昆虫有一半以植物为生，它们醒来后脑子里只有一件事，去绿色的地方饱餐一顿！"一株经历了多个冬天的年长黄栌（Cotinus coggygria）马上注意到了我。

实际上，避免被这些饥不择食的昆虫发现，不失为一个好主意。同时，相比那些身披绿色、对自己的美貌很自信的植物，这么做也能够保存显著的优势：因为红棕色的外表，哪怕只是暂时的，也是一种绝佳的计谋，它能避免植物成为那些"吃绿了眼"的昆虫的盘中餐。淡红色比绿色能更好地伪装在棕褐色的树枝和打着哈欠刚从冬眠中醒来的灌木之间，也能使新芽和嫩枝在生长的同时，又不至于过于显眼。这样一来，胞芽积累红色素，就像叶片积累花色素苷[1]，是一种"装死"策略，即在春季生长的第一个关键阶段，让自己在那些饥饿的敌人面前显得不那么美味。有些昆虫的"眼睛"无法感知红色的波长，因为它们先天就只能感知绿色和其他少数颜色。在这种情况下，这个策略就会有效，因为紫红色的胞芽对于它们几乎是隐形的。

---

[1]　花色素苷（Anthocyanin），广泛存在于绝大部分陆生植物的液泡中（除仙人掌、甜菜外），是水溶性黄酮类色素中最重要的一类，赋予水果、蔬菜、饮料制品等花卉红色、粉红、蓝色、紫色等五彩缤纷的颜色。——译者注

"一旦叶子开始生长变得强壮，并且整个树林的背景色都变成绿色时，我们就转而生产最有效率的叶绿素。"我身后的李树（Prunus）对我说，"到了那个阶段，我们再循环利用红色的胞芽，用于生产其他物质。它们同样被用于防御，只是方式不同，例如，让叶片变得更硬，从而对毛虫和成年昆虫而言，显得没那么可口"。这个捉迷藏的游戏，同样能解释为何植物秋天叶片变黄或变红：当昆虫寻找冬眠的躲避处时，植物如果能不被它们发现，就意味着来年当它们苏醒时，能不成为第一个被吃掉的对象。

"当谈到防御物质时，所有的关键在于回收、再利用和再循环。我们利用无法清除的代谢废物作为原料生产这些物质，当一项任务完成时，这些物质被再次改造，用于完成另一项任务。从单一工具出发，去完成一个持续的、平衡的、多功能的使用组合，这是一个非常精妙的循环平衡，如果您允许我这么说的话。"年迈的黄栌总结道。

"如果昆虫还是来了呢？"我像一个坐在长椅上的疯子，自言自语地问道。它们跟我解释说，不管怎样，红色的背景都是有利的。因为昆虫为了能够隐藏在绿色树叶中，进化出了以绿色为主的保护色。而与叶绿素不同的颜色，会使绿色的保护色暴露，从而有利于昆虫的天敌发现它们，进而消灭它们。

同样是这些用于玩捉迷藏游戏的红色花色素苷，在进一步的防御策略中，也显示出了优势，它与前一个策略同样重要。众所周知，春季是潮湿的，而温和潮湿的环境，对于菌类和致病微生物而言，就像是婚礼请柬，使它们能在胞芽的褶皱和花苞之间静止的微环境中繁盛生长。"只在生长和前线投入兵力，而忽视防御系统和后方的巩固，犯了在俄国战场上的战略错误。"黄栌评论道。很明显，在漫长的生命中，它也从我们的历史中吸取了教训。

胞芽、嫩叶或幼茎，由于尚不具备那些能够随着年龄增大而获得的物理抵抗机制，因此更容易受到伤害。例如，它们鲜嫩光滑的组织更容易受到真菌菌丝的渗透。此外，它们基于毒素的防御系统尚未完全建立起来。建立这些防御系统的成本高昂，需要用到生物碱、氰化物和致敏物等原料。因此，在生长的最初阶段积累红色花色素苷，能够确保一项最基本的额外防御系统。例如，当洋葱和高粱的细胞"感觉"到菌丝或风带来的真菌孢子时，它们就会积累红色花色素苷用作防御。当真菌敌人来敲门时，次级代谢就会做出反应，迅捷、准确地干预，这一切要得益于红色花色素苷的安装网络被激活。它们的反应并不强烈，也不能杀死微生物，但是能够为植物赢得时间，让它们建立起更加高级的防御系统。[1]

---

[1] 用于保存食物的现代化手段基于多种系统的组合。"Multiple hurdle technology"，即复合栅栏技术，是基于文中描述的同样原理，精准复合地使用多种"栅栏因子"，使每一个栅栏都能以小于标准的强度发挥作用。这样不仅能够创造不利于微生物生存的环境，还能降低微生物对栅栏的耐受性。在控制食品中微生物的同时，又不会剧烈改变其口感和营养成分。这实际上模仿了已存在于大自然中的策略。

"还有一些我们需要警惕的敌人并不是生物"，公园中的植物继续说道，"出于多种原因，光照就是其中之一"。植物的嫩叶就像小孩儿正在生长的皮肤，娇嫩敏感，细胞处于快速复制阶段。同样，当胞芽细胞核正在快速复制 DNA 时，紫外线产生的自由基可能损害这一过程。而基于花色素苷形成的阳光过滤层，能保护正在快速生长的胞芽，就像爷爷放在孙子头上给他遮阳的手帕。

但即使如此，也不能做到全面保护，毕竟爷爷的手帕也盖不住整个脑袋，人们只能根据手头拥有的资源去应对问题。光照至关重要，但过度光照反而会降低光合作用的效率。植物内部有一些物质能够吸收过度曝光，从而优化对光照的吸收。但从表面上看，好像是红色抑制了光照。实际上，过度曝光会导致进行光合作用的结构受损，使其有被烧焦的风险，就好比电压过载会烧坏线路。植物对此的第一个回应，是降低发动机转速，手中时刻握着刹车，以提高光合作用的效率。花色素苷在这里也发挥作用：一方面，它通过抗氧化反应，减少过度曝光带来的损害；另一方面，它能够轻微过滤光线，从而保证光合作用的效率最大化。"就这样，只凭借一件武器，我们就能够应对不同的敌人和过度光照。虽然可能无法一劳永逸地解决问题，但这确实是一种有弹性的灵活策略。就好像一把瑞士军刀，比起专门的工具，它不是最高效的，却是最灵活的，也是最经济的。"黄栌总结道。

在公园短暂休息后，我能带回去什么呢？通常，我们试图从自然的运动中寻找线性的解释。如有可能，这个解释应当是简洁明确的、令人放心的。我们倾向于运用单一的功能，去解释一种适应机制、一种工具、一个器官或一个分子，但现实并不总是如此。许多次级代谢产物能够承担不同的角色，一项适用于某一物种的解释，并不总能扩展到所有物种。毫无疑问，客户想要从自然界获得的是新策略的灵感，而非具体的解决方案，这是有道理的。在这里我想传达的信息是，植物的次级代谢就像爷爷的手帕，虽然只有一个，但能够根据需求，发挥各种作用，很多时候是同时发挥作用。此外，爷爷带着手帕并不是为了装饰，而是为了不断地使用它，解决无数现实问题。

敌人的敌人是朋友

叠好手帕，我从色彩斑斓的公园回到办公室。我意识到，在植物世界中，仅仅明白"如果想要和平，请做战争准备"[1]的道理是不够的。同样，它也能用于解释植物的通信系统和招募雇佣兵的策略。在这方面，植物似乎从一种不同寻常的视角出发，并发展出了

---

[1] 原句为拉丁语"Si vis pacem para bellum"。——译者注

一种独特的战术策略。领导给我下达了严格的指令，要我审慎行事。但为了能获取信息，我发明了一种铁幕掩护。我以一个幽灵似的、对"事实检查"有执念的作者的名义，发布了一个浮夸的演员招募广告："寻找'教育小说'[1]（Bildungsroman）主演，主题为植物在复杂迷人的大自然中的进化。"

我的信箱很快就被候选人的自荐信填满了。我在黑板上记下了它们的名字，附上描述体貌特征的照片，并在旁边做了笔记。我用箭头把它们彼此相连，希望能够在混乱中发现规律，找到一幅统一的图景。经过大规模统计研究后发现，植物作战策略的效率，与它们和前线实时分享信息的能力强烈相关。这些信息既用于协调行动，也用于召唤经过筛选的特定盟友。在通信方面，植物并不依靠简单信号或基础语言，而选择了更为复杂的系统。我在阅读收到的简历时了解到，许多植物在回应昆虫的攻击时，会释放复杂的混合化学物质，以吸引昆虫的敌人。

在黑板的右上角，是我总结的关于领地预警和控制的要点，其中包括用于在植物之间发出敌人出现信号的预警系统，在不同器官之间传输信号的通信系统，以及召唤不同雇佣兵前来驰援的求救系统，各个都精妙无比。在黑板的这一角，有一系列照片被显著地标

---

[1] 教育小说（德语：Bildungsroman），在启蒙运动时期的德国产生的一种小说形式，以一位通常是年轻人的主人公的成长、发展经历为主题。——译者注

注出来，它们都是常见的植物，例如欧洲赤松（Pinus sylvestris）、毛桦（Betula pubescens）、芸薹（Brassica rapa）、长柱柳（Salix eriocarpa）和土狼烟草（Nicotiana attenuata）。上述所有植物所要击退的敌人，都是以树叶和树根为生的昆虫。在它们复杂的防御策略中，最为常用的两种手段是实时通信和召唤雇佣兵。其中最关键的，是对基于嗅觉敏感的挥发性物质警报信号的运用。

"尤其是"，欧洲赤松在自荐信里写道，"在草地或树林的战场上，我们找到的盟友中有我们敌人的天敌，就像谚语中所说的，'敌人的敌人就是朋友'。所以我们的朋友，就是那些在生命的某些阶段，以与它们相近的昆虫（也就是攻击我们的昆虫）为食的昆虫。有些昆虫直接吃掉它们的猎物，有些则在它们的猎物身上产卵，之后幼卵会以不幸宿主的肉体为食。对于天真的人类而言，这并不浪漫。当一些植物吸引不好战的授粉昆虫时，另一些则从远方召唤更具攻击性的肉食性昆虫，使用的是同样的嗅觉语言。一样的单词，不同的句子"。

实际上，挥发性物质的优势，是能够在空气中传播得很远。这样就可以召唤视线之外更远处的盟友，从而增加求救信号被合适的昆虫捕捉到的可能性。但是，把警报信号比作求救信号，实际上并不是最恰当的。因为植物释放的嗅觉信号内涵，远比一句简单的"救命啊！"更加丰富。信号能够被特定的昆虫捕获，它们能从中读取复杂的信息。植物释放的混合物在构成方面各有不同，有的是混合物类型的不同，有的是单个成分的配比不同。植物能够通过这些组合变化，传达出精确的信息，例如攻击的类型、攻击者的数量甚至年龄。例如，芸薹能够根据被攻击的部位，如树叶（出现某种特定蝴蝶的幼虫）或根部（出现某种特定的以根为食的昆虫），释放出不同的嗅觉信号，从而召唤相应的盟友来消灭敌人。

如果有昆虫咬食叶片边缘，或有蚜虫刺破充满糖分的输送导管时，不同的植物会制造不同的混合物。土狼烟草是烟草的亲戚，它能够根据叶片上出现的是鳞翅目昆虫、鞘翅目昆虫或是臭虫，向空气中释放三种不同的混合物，从而引来三种不同的昆虫捕猎者。嗅觉信号甚至能在地下传播。一些野生玉米的祖先能够吸引不同的线虫，以控制侵扰其根部的昆虫，它们使用的物质挥发性较弱，但依然能在土壤间隙的空气中传播。

当长柱柳感知到柳瓢金花虫（Plagioderia versicolora，一种鞘翅目食草昆虫）的幼虫或成虫试图要钻透它的叶片时，会释放出不同的信号。借助同样的物质，甚至一些鸟类都会被吸引过来饱餐一顿。例如，毛桦能吸引不同鸟类，前来饱食树上肥美的毛虫。芸薹和许多其他植物一样，能够根据叶片上出现的入侵者数量，调节其嗅觉信号强度：如果入侵者较少，释放的物质也较少；如果入侵者较多，释放物质也相应增多。根据入侵者数量制造混合性挥发物质，优化了植物为前线召唤雇佣兵的成本。

伊索寓言中"狼来了"的教训也在我的黑板上找到了它的应用。蒺藜状苜蓿（Medicago truncatula）和陆地棉（Gossypium hirsutum）只有在遭到昆虫咬食的时候，而非在遇到偶然的机械损害时，才会制造嗅觉警报信号。这样做是为了避免"狼来了"故事中的悲剧。每一个选择都有其动机，例如，应当仔细校准需要召唤的肉食者数量，如果被邀请者数量太多，或是不够专业，它们就有可能捕猎那些对于植物有益的昆虫。对于植物而言，被召唤的雇佣兵应当是来解决问题的，而不能制造额外的麻烦。

除了上述案例，我在观察黑板上的箭头和连线时发现，这套沟通系统的可塑性十分惊人。它能够通过调节声调和措辞，高效地制造出不同的气味导向，并传输给不同的接收者。

采取这种策略的植物数量众多，有些释放气味用来吸引传粉昆虫，有些则用来驱赶害虫。因此，在一片草地或一片树林中，这样的气味信号会达到几十种甚至上百种。人们不禁要问，在如此混乱的气味背景下，这些信息是如何不混在一起，并保持各自意义独立的呢？在一块土地上，有几百种植物和上千种信息，这应当会造成气味的不和谐，就好像全世界的广播用各国的语言同时在一个频道播放。但实际上，召唤雇佣兵却没有因此受到影响，因为每一个收信人只接收它应当接收的信号。这个系统效率高的原因之一，就在于信号的明确性。[1]

陆地棉的陈词为这一现象提供了解释，它只有在遭到昆虫咬食，而非偶然伤害时，才会制造嗅觉警报信号。"这么做能够限制假信号的产生。对盟友发送虚假的'狼来了'信号只会误导它们，这样也会浪费合成混合物所需的资源。"标注在它边缘的笔记解释道，"这说明每一种食肉昆虫都掌握了一种能力，即在许多气味信号中，识别和跟踪某一明确信号。因为这样能够保证它经济地获得一餐，并且猎物与自己的食谱完美契合"。

为了在每一次遭受入侵时，都能准确地召唤相应的捕猎者，召唤物质会在被咬食的特定位置上合成。被昆虫下颌骨咬破的细胞膜与昆虫口水或粪便中的酶组合，宣告了昆虫的死刑：昆虫的口水会刺激植物在健康的叶片中制造警报物质，从而增强信号。

保证效率的另一个关键在于信息的筛选。植物释放的混合物极其复杂，由上百种化合物组成，其中有几十种反复出现，它们与召唤雇佣兵直接相关。其他物质则在帮助昆虫识别入侵地点方面至关重要，例如萜烯，如罗勒烯、芳樟醇、法呢烯，还有脂肪酸和其他挥发性物质，如水杨酸甲酯和茉莉酸衍生物。所有这些成分一起组成了信号，它们就像一门语言中的单词，在语法规则的框架下，传

---

[1] 但人类想要模仿这个解决方案并没有那么简单。例如，在许多情况下，出于成本原因，将复杂系统拆分成单个组件，会产生令人失望的结果。

达出无尽的信息组合。

最后，是一种常见的豆类植物给我提供了解密的关键线索。"单独拎出来看，这些物质几乎无法传达任何信息。关键在于，它们要精确地组合起来。单个物质并不是独立传递信号的火箭，而是构成信号的元素。它们只有作为一个整体传递到接收者那里时才能被识别。单个分子不是关键，整体的组合才是。"

实际上，植物的昆虫雇佣兵并不会花时间去解码信号，也不会把罗勒烯、芳樟醇、法呢烯这些物质当作夜里指路的灯塔，而是把嗅觉信号当作一个整体感知。因此，昆虫不会像侍酒师那样去分辨气味的单一成分，而是识别特定的成分组合，即几十种挥发性物质组合而成的混合物。这就像在诠释面部表情时，我们并不准确地记得眼睛的颜色，眉毛的弧度，或颧骨弧线的角度，我们看到的是一个整体，以整体传达出的感情，就像欣赏一整幅画面。植物虽不使用真正的句子，但凭借气味单词，它们制造出了嗅觉符号，并能够被昆虫感知和读取。混合物成分百分比的细微调整，就像眉毛的细微移动或表意符号中细微的书写变化，能够剧烈地改变想要传达的信息，并且信息不会被混淆。在欧洲赤松的例子中，我们发现，它传达出的信息如此精确，以至于能够像雷达信号那样被追踪。感知到信号的盟友能够直接抵达被攻击植物的叶片，而非仅仅靠近发出警报信号的植株。

"这套复杂系统有它的优势：我们无需为不同信号制造不同物

质，而只需改变混合物中各种成分的比例。敌人是多种多样的，因此潜在的盟友也是多种多样的，为每位盟友制造唯一的召唤信号，成本太过高昂。此外，这套系统能够保证巨大的灵活性。每一种植物都能制造出独特的信息，能够被以特定寄生物为食的昆虫接收。这样一来，提高了盟军出击的效率，也减少它们出现带来的风险：只有那些经过筛选的、有教养的、不制造麻烦并且能够震慑昆虫的盟友，对于我们才是有用的。"

　　一个基于少数物质、对所有植物都一样的简单信号，将会过于容易地与入侵联系起来。"由单一物质组成的警报信号是一个危险的线索。"欧洲赤松在另一个笔记中提醒道，"有一些食草昆虫能够截获我们的警报信号，并把它们理解成植物正面临困难。信号表明城堡中出现缺口，一个已遭受侵犯的植物就像一只受伤的动物，更容易受到更多敌人的进一步侵犯。出于这个原因，信号不能只由单一物质组成，因为这样信号就很容易被跟踪，同时也会给我们想要召唤的盟友造成混乱"。

　　这套系统的另一个优势是成本更低。使用同样的物质构成不同的组合，意味着无须投入资源建立新的防御系统，而只需部分调节已有系统。在黑板中央所有箭头汇集的地方，则指明了另一个事实，即植物的挑战者同时处在多个战线的多重压力之下，而沟通只是植物枪膛中的一发子弹而已。例如，土狼烟草的照片被钉在了黑板上的多个位置：咬食叶片的毛虫，会被叶片中累积的有毒尼古丁挡住去路，因为丹宁会扰乱毛虫的消化系统，降低其消化酶的活性；毛虫还会暴露在叶片表面释放出的致敏性物质下；同时，叶片上的绒毛会阻挡毛虫的移动，并划伤它；最后，植物还能够通过释放嗅觉信号召唤毛虫的天敌。土狼烟草的这套组合拳再次说明，任何想要从植物那里获得一种终极武器的人，最好还是看向别处。

从"气味邮箱"到"根部内联网"

召唤训练有素的护卫，只是黑板上呈现的画面之一。此外，还有另一个迷人的系统，汇集了众多的照片、简历和申请信。在我发出广告之后，无数的简历涌入办公室，可见，广告甚至激起了那些表面上最谦逊的植物的虚荣心。

我的客户想获得有关军事组织的灵感，这种组织的分布原则正逐渐向信息去中心化的方向过渡。拿破仑在滑铁卢的沙盘上指挥作战、下达军事命令的时代已经过去了，当前的战术策略以网络系统为基础。系统中的每个单元都是一个连接节点，能够向其他单元传达关键信息。每个单元之间实时互动，形成统一的有机体。实际上，新的系统基于一体化原则，就像植物在进化中磨砺发展出的防御系统。

植物从很久以前，就开始不自觉地完善这个网络系统。在如何优化建立去中心化网络这一问题上，人类或许能够从中获取新思路。人类的需求与自然界的方案能够匹配，是我在工作中获得有用灵感的关键。在黑板的右下角，是关于植物实时收集和分享军事信息的主题，根据收集到的材料，我发现这套系统的两个关键点：第一，能够让相距较远的细胞和器官之间发出警报；第二，能够把这个警报传递给邻近的植物。实时的预警信息能让植物把用于生长的资源转移到防御工事上，从而在敌人到来之前建立起防御屏障，并且不造成资源浪费。

"防御的概念应当从广义上去理解"，在一篇有关美洲黑杨（Populus deltoides）的剪报中写道，"它还包括所有见机行事的计策"。在毛虫咬食叶片第一口的几分钟后，植物就开始清除受伤部位和临近区域最珍贵的物质，提取其中的糖分和蛋白质，并把它们先后转移到茎部和根部。这样一来，杨树就清除了昆虫的养料。它就像二战中的俄国人，把最珍贵的资源转移到难以到达的乌拉尔地区，之后选择最恰当时机再次使用这些资源。杨树在昆虫入侵的地方采用焦土政策，使它们只能咬食无法吸收的木质，而不是可口的糖分。在入侵者转移阵地去寻找更好的食物之前，临近树枝的树叶会放慢生长速度，更多的资源会被用来合成毒素。但这一过程是渐进的，意思是离战场中心越远的树叶，生长速度就会越快。

"这套系统能够有效地优化资源，只给需要的地方拨发军费。

为了能使系统行之有效，正确的信号需要被及时传达，这样相关的细胞才能调整它的生产线。因此，植物内部存在一系列的接力运动员，用于传达公文。与之前提到的案例一样，在这里，简单的单一系统也是不够的。"

"重复发出信号至关重要。当我们中的一员遭受攻击时，整个组织的任何单元都不能置身事外，每个器官都要做出相应的反应。因此，植物内部存在多个通信系统，如果其中一个失灵了，其他的可以补上。"用于制造信号的专门物质在细胞间交换，就像无绳电话之间的语言交换。植物内部存在真正的"山脊"，它位于运输水和糖分的组织旁边，贯穿整个组织。

植物除了通过"气味邮箱"这一常规内部通信系统在细胞间传递的化学信号外，还借助一个非常规的基础电力系统，用于保证更快地传递警报信号。电力传播与伤口位置相关，距离伤口越远，电流就越弱。电力传播比化学传播速度快（当植物感知到昆虫咬食的时候，信号能够以每秒 1 厘米的速度传播，当然这比不了真正的光缆），但也会受到一些限制。通过传导组织实现的内部传输会受到植物分叉的限制：两片空间上靠近的树叶，昆虫很容易到达，但它们之间可能隔着几米长的树茎，如果树叶位于不同的枝权上，它们甚至无法互发"电报"。例如，杨树上一只蚜虫刺咬引起的电力警报信号能够传播约 20 厘米，但两个临近树枝间的内部距离可能远远超过这个长度，从而使通信效率不足。

警报传输的速度对于临近区域至关重要。因此，像美洲黑杨和欧洲桤木（Alnus glutinosa）这样的植物，发展出了无线通信系统。它们通过释放挥发性物质，向临近的树叶发出警报，"这样一来，组织的每个部分都能灵活地根据攻击的严重程度做出相应的回应，从而最好地优化原料和能量的使用。"这还进一步带来了其他好处：少数被毛虫攻击的树叶，能够制造数量有限的挥发性物质，而警报的快速传播，又会极快地加速能够制造警报信号的树叶数量的增长。如此一来，就能增加用于召唤昆虫天敌的合成物的数量和射程，以让盟友及时赶到，杀死植物上的敌人。

"在某些情况下，通信系统使不同种类植物表面上结盟，但更多情况下，我们是相同资源的竞争者。实际上，相互救援是精妙的间谍行为。"一株艾蒿（Artemisia tridentata）评论道，这是一种呈现金属灰色的非洲灌木。"比如，我释放的用于通知临近树叶或召唤昆虫天敌的物质，也会被我的竞争对手截获，比如生长在距离我几十厘米外的土狼烟草。土狼烟草的叶片一旦截获我释放的物质，就可能把它们当作内部的警报信号，进而激活自身的防御系统。实际上，我只是想保护自己，但是其他人也利用这些信号，掮前准备即将到来的战役。"

当然，如果食草性昆虫被整个花坛里所有植物进攻，这样的互助行为就会产生优势。但通常情况下，帮助那些与你共同竞争同一片水源、同一片土地以及同样光照的竞争对手，并不总是对自身有利。"我们植物虽然没有牙齿，但也不是你们乐于认为的那样仁慈。"艾蒿强调说。空气通信是有效的，但也会受到一些限制，它有两个系统性弱点：风和拦截。风会带来信息的丢失，并阻碍其到达正确的目的地；拦截则会给竞争对手带来优势，甚至引来其他食草性昆虫，它们就像嗅到了伤口的鲨鱼。

另一个同样精妙的预警系统是地下内联网。它们由同一种植物的根系组成，彼此通过菌根制造的菌丝网络连接。这套系统尤其对于生活在狭窄区域内的植物群体有利，实际上，这套网络使它们能够相互影响、共同协作，实时分享信息。而这种功能背后的模型，正是我的客户想要深入了解的。

当蚕豆植株被毛虫进攻时，它不仅会通过空气传播预警信号，还会通过叶片向根部发出特定信号，根部会随之做出反应，将信号传导至与它相连的菌丝。通常，这些菌丝会从一株植物延伸到邻近的兄弟植株，地下"菌联网"中产生的效应会在临近的根系中引起进一步的反应。这些根系会激活它所在植株中的吊门、路障和化学警报，从而使植物能够更好地应对即将到来的敌人。比如，提前制造毒素，制造不被拦截的化学物质，或吸引凶猛的黄蜂。但据我所知，实时通信并不是全部。

"敌人将会在黎明进攻。停！准备好！停！"指令简洁而明确。黑板上有关拟南芥（Arabidopsis thaliana）的信息说明了，为使植物保持高度警备，除内部信息之外，还需要见机行事。许多植物在黎明时分进行部分新陈代谢，而这是一天中最有可能遭受微生物进攻的时刻。这些入侵者喜欢在潮湿的黎明进军植物的堡垒，但植物不会在太阳出来之前坐以待毙，它们会准备路障，磨快刀片，集结军队。在生物钟敲响之时，它们会准备好武器，应对微生物敌人的入侵。

植物没有像人类那样的免疫系统，它们缺少专门的积极反应系统，且它们的防御系统是集体化的：每一个细胞都需要做出贡献，甚至在必要的时刻牺牲自己的生命。这些反应的集合被称为"超敏感性反应"（Risposta ipersensibile），它最重要的核心之一，正是植物控制下的一些细胞的死亡。遭受微生物攻击的植物的策略，与在第二次布匿战争中费边·马克西姆斯削弱汉尼拔的策略类似[1]（提前破坏农田和粮仓，造成入侵军队基础资源的匮乏，逐渐削弱敌方军队，直到坎尼会战的胜利），它建立在细胞自杀（或细胞凋亡）的基础上。这样一来，敌人就没有足够的能量来支撑它们的入侵。但想要做到这一点，一切都需要提前准备好，反应必须及时，凋亡应当迅速，这样才能破坏敌人的优势。粮仓和农田，想要留在历史

---

[1] 布匿战争，古罗马与迦太基争夺地中海西部统治权的三次战争。费边在第二次布匿战争中采用拖延战术对抗汉尼拔，挽救罗马于危难之中。——译者注

战争的车辙中，需要被提前埋上炸药。在每个黎明时分，即微生物进攻不久前，拟南芥的表皮细胞都会提前做好准备。

这意味着，能够决定不同行为的基因必须处于防御警戒状态。这些行为包括制造防御性次级代谢产物，以及激活与那些被围攻城市十分相似的系统，例如路障（利用胼胝质和细胞壁变厚选择性堵塞导管）、焦土策略（通过过度生产酚物质和后续的聚合反应牺牲细胞）、沥青和沸腾的油（在叶片中积累毒素和抗菌物质），并提前准备好随时可以投入使用的军火库（如果前线需要加强火力，合成能够迅速转变成毒素的次级代谢产物）。系统得以激活要归功于植物的内部生物钟，它能够根据战争的昼夜节律，提前预知敌人的行动。

"Friends with benifits"

在英语俚语中，"Friends with benifits"是指那些关系密切（"非常"密切），但无须被任何感情联系所羁绊的朋友。他们无须建立像任何固定伴侣那样的亲密关系，也无须利用他人的感情，只是互不承担责任的双向满足。在与苇状羊茅（Festuca arundinacea）（一种禾本植物）的面试中，上述概念出现了，因为它详细描述了与许多植物和一些被称为"内生菌"的微生物之间形成的互惠互生关系，后者习惯生长在植物的内部。这些小野兽在它们生命的全部或一部分时间里，"殖民"植株的根部、茎部、叶片、果实甚至种子，但不会给植物带来危害或可见的症状。相反，它们会带来优势（例如物理保护、修护以及提供养分），因此经常能与宿主建立起互惠的关系。在"殖民"细胞间的空隙时，这些细菌不会攻击植物细胞，也不会引起组织的强烈反应，相反，它们与植物在基因和生物化学层面相互影响。

所有野生植物体内可能都拥有内生菌。这种互惠性的建立得益于入侵者的需求和植物反应之间的精妙平衡。苇状羊茅解释道，"只要我没有过分地打扰你，你就不要向我发起进攻，反过来也一样。我们建立起一种同桌进餐的关系（我吃掉你的代谢废物，待在角落里，不会弄脏你）或互惠关系（我击退你的敌人，你给我提供住宿，你可以省下用于特定脏活的开支），各自都能自由存在。剩下的，就各走各的路"。

植物只会接纳友好的入侵者，并小心地管理它们，从而使这些朋友更好地提高自身适应复杂环境的能力。无论是菌群数量，还是菌群功能的灵活性，植物都格外重视。例如，胶冷杉（Abies balsamea）的体内能够留宿900种不同的菌类；在每一棵秀贵甘蔗（Saccharum officinarum）植株中，能够找到1000万个菌类细胞。菌类在植物内部器官的分布也可能是特定的，例如，在中欧山松

（Pinus mugo）的中央部位和针形叶片的尖端有不同的内生菌，它们相距只有几厘米。

植物运用策略管理菌群的现象已经被证实。在不同季节，微生物的种类也不同。比如，栎树会让一些微生物在夏季繁殖，让另外一些在冬季繁殖。很显然，这么做是为了根据自身需求把微生物的贡献最大化。

在植物所有与防御相关的系统中，瑞士军刀策略总是反复出现。每种植物都同时拥有多个"friends with benifits"，这样一来，植物就总能根据不同需求，在家里找到最有用的菌群。苇状羊茅被指控利用内生菌作为军事武器，它对此做出辩护，并介绍了结盟及其相关好处，"内生菌的积极影响表现在，它们能够增强我抵御掠食者和疾病的防御能力，或帮助我更好地从土壤中吸收养分。在特殊情况下，我本人给能够生产生物碱的微生物提供庇护所，这些生物碱甚至能够使体型巨大的食草性哺乳动物严重中毒。这样一来，就减小了我变成它们盘中餐的风险"。[1]

据我所知，我们人类体内也留宿了一群微生物。它们位于肠道

---

[1] 有了几十个相关专利技术支持，许多专业种子公司在售卖的英式草坪专用草中接种有特定的内生菌，但这不会对动物造成危害。与不含内生菌的相同草类相比，这些"客人"使它们具有更好的抗病性和抗旱性。新西兰公司 Grasslanz 甚至售卖经过筛选的内生菌，专门用于加入作为饲料的草料中。

末端，但我们却无法想象，人体和微生物之间能够存在类似于植物与微生物那样的关系。这表明植物在防御策略和控制成本方面与微生物形成了微妙生物"互易"[1]平衡。

"所有植物都拥有一支数量庞大且功能各异的内生菌大军，我们四处招募它们。我们能从成熟植株的叶片和茎上获取内生菌，昆虫的口水也是渠道之一，但主要还是通过根系和根尖从土壤中获取。一旦内生菌进入植株，它们就会扩散到所有器官，把细胞间的空隙填满。"苇状羊茅继续它的演说，"在很多情况下，内生菌能够在植株内持续逗留，因为它们在种子内部仍是活跃的。例如，内生菌能够帮助多年生黑麦草（Lollium perenne）在休眠期增强防御能力，并在萌芽期的最紧要关头对抗害虫和其他微生物。它们是我们最喜欢的'合同工'"。

我发现80%的内生菌能够制造有效物质，帮助植物对抗其他生物，尤其是昆虫和微生物。在这个意义上，草本植物、树木与它们微生物客人之间的合作，与现代社会中一种十分常见的操作类似，即"外包"，把那些公司内部无法维持的、花费特别高昂的业务交给其他公司。植物在军事领域，通过创建外包公司，把一些作战或维持治安的任务交给合同工，使它们自己与真正的军事任务脱钩。

---

[1] 原文为拉丁语"do ut des"，字面意思是"我给你前提是你给我"，引申义为"用明确的方式进行交换"。——译者注

内生菌就像外包公司，接替植物生产抵御外敌和物理伤害的有效化学武器。如此一来，植物就能把所有的资源投入到最为重要的生长活动中，但同时又能保证防御系统高效、经济，随时进入备战状态。苇状羊茅带来了一张长长的清单，上面列举了无数例子：榆树体内有一种内生菌，能够增强它对前来侵犯的甲虫的抵抗力；白云杉（Picea glauca）体内的内生菌作为常规军的补充力量，能够阻挡敌人入侵，并令试图在树上产卵的昆虫中毒；巨早熟禾（Poa ampla），一种形似大麦的禾本科植物，它的根部生活着一种内生菌，能够增强植株根部和叶片防御系统的效率，从而更好地应对微生物敌人，并能使前来骚扰的蝗虫和毛虫中毒。

就算是最坏、最阴险的生物也会遇到难题。出现在我的桌子上的还有美洲矮槲寄生（Arceuthobium americanum），一种寄生性植物，而它也会受到一种菌类寄生虫的困扰。这一次，同样是它体内的内生菌发挥了作用。内生菌通过生产有效的抗生素，医治它的顽疾。

这些计件外包合同工还带来了一些好处，它们与前线战事并不直接相关，但同样能给植物在战争中带来优势。"许多内生菌自身能够合成激素，促进植物生长，可能促进根部生长，例如欧洲落叶松（Larix decidua），也可能促进茎和叶的生长，例如薄荷。内生菌实际起到了兴奋剂的作用，拥有这些内生菌的植物能长得更高更快，生长出更厚的细胞壁。这使它们更加强壮，足以应对生命中的任何意外事件。"苇状羊茅满怀激情地继续说道。

此外，植物的敌人不仅限于食草性昆虫。当气温特别高时，真菌的存在能够确保渐尖二型花（Dichanthelium）这一类禾本植物的存活，而那些体内没有真菌的植株，则无法抵御长时间热浪的侵袭。石茅（Sorghum halepense）是一种擅长占领其他植物领地，且十分具有攻击性的植物。它的"friends with benefits"在它侵略其他植物领地时，起到至关重要的作用。它的朋友们能够确保植株从萌芽期开始，更迅速有效地为战争机器提供初级原料的补给。在它们的帮助下，植株能够从土壤中更好地获取养分，并提升植株对磷、氮或铁等元素的生物利用度，进而加速植物生长。由于比竞争对手生得更快，它们能够率先占据领地，并把那些GDP更低的邻居赶走。

通常，这些合同工带来的影响是中性的，只要植物处于健康状态，它们就不会带来可见的危害。但如果植物衰老，或它的某个器官老化或生病，对"客人"的控制就会变得困难，这些原本无害的客人就可能变成攻击者。这有点像人类社会中的"friends with benefits"，彼此不承担情感义务的协议必须由双方共同认可，因为如果一方失守，问题就会出现。但在一些例子中，这种情况也可能转化成优势，至少在自然界中，因为在那里情感不重要。例如，栎树停止控制一种只在叶片上（昆虫在那里产下它们的卵）出现的特殊内生菌，允许微生物破坏叶片，也允许它们破坏虫卵。这样一来，植物虽失去一部分叶片，但同样给所有产在树叶上的卵宣判了死刑，从而降低了昆虫敌人过度繁殖的风险。

植物利用各种手段降低风险，合作、交流、牺牲……这些是黑板各个角落里呈现的最常见策略。这些策略告诉我们，在这场漫长的战役中，能够获胜的不是那些拥有最强大武器的植物，而是那些知道如何平衡资源管理和分配的植物。尤其是，我们面前呈现的世界是复杂的、相互联系的。植物抵御风险的机制不能简单归结为一个按照时间发展的、线性的、机械的过程，因为植物用于进攻和防御的瑞士军刀同时承担多个角色，因此是可塑的，并且是相互关联的。想要弄清楚背后的机制，需要摒弃"对决"的思维模式，要明白自然界中的竞争是所有人对所有人。

这一点苇状羊茅在它最后的评论中也说到了，"你们要忘掉终极答案，那几乎不会有效。你们要向我们植物学习，同时发展和运用多种策略，并在其中找到平衡。永远不要因为意识形态的障碍，或个人喜恶就拒绝有用的东西。我们在漫长的岁月中学到，制造'末日武器'是不值得的，成本太高，并且不能解决问题，更好的做法是分散投资。你们要接受这个事实，问题永远无法一劳永逸地解决，要不断适应新的挑战"。谁知道智库会不会把这些忠告也卖给第三方。

第五章

草地、森林和市场营销

今天早上，我十多年没联系的朋友路卡从巴黎打来电话，"我需要你。"他这样说道。激动之余，在问清情况前我不禁恍惚了一会儿。路卡是时尚奢侈品领域的符号学家，深谙品牌与客户相辅相成又相互制约的关系。他在高级女士时装领域专门研究如何捕捉和预测顾客的需求，而我每天穿得像个20世纪的困难户，整日跟植物对话。

"我研究所有能够与边缘系统、杏仁体、爬行动物脑[1] 无声交流的东西，还研究在许多市场行为和产品营销活动中，人们情绪和本能的作用。"幸好我们是电话沟通，路卡才没看到我满脸疑惑的表情。

"说到本能反应，我对植物操控动物，啊抱歉，我对植物与动物间相互影响的方式很感兴趣。如果说市场是对话场所，那么草地和森林也是。在营销领域，只有创造，没有摧毁。每一样东西都是

---

[1]　由保罗・D. 麦克莱恩（Paul MacLean）于20世纪60年代提出的"三位一体的大脑"（Triune brain）假说，根据在进化史上出现的先后顺序，将人类大脑分成"爬行动物脑"（Reptilian brain）、"古哺乳动物脑"（Paleomammalian brain）和"新哺乳动物脑"（Neomammalian brain）三大部分。"爬行动物脑"是最先出现的脑结构，由脑干（延髓、脑桥、中脑）、小脑和最古老的基底核（苍白球与嗅球）组成。这些脑结构调控维持个体生命的一系列重要生理功能，包括心跳、呼吸、睡眠和觉醒等等。在脑干和小脑的操控下，人与蛇、蜥蜴有着相同的本能行为模式：死板、偏执、冲动、贪婪、屈服、多疑妄想等等。"古哺乳动物脑"，又称边缘系统，是指由古皮层、旧皮层演化成的大脑组织以及和这些组织有密切联系的神经结构和核团的总称，参与调解本能和情感行为。——译者注

已存在事物的重组，而你教我明白在自然选择中也是如此。在巴黎，我懂得了知识'制面机'[1] 的重要性，集中力量将现存事物重组，便可得到新的事物。总之，在我的工作领域，人们也都是站在巨人的肩膀上，以几个世纪来前人取得的成就为研究基础。但到底是什么比时尚更早地影响人们的选择呢？是你那些植物朋友。"

路卡口若悬河，我试图打断他以表达我的不解，但他继续淡定地、滔滔不绝地说着，"时尚领域的符号活动，在于符号与物品之间联系的持续演变。我认为这种关系的发展，可以从植物与其他生物间的协同进化[2] 中提取灵感。我们人类是基本需求十分简单的动物：性、食物、财富和安全。这些全部都是潮流达人用来创建符号的工具。鉴于信息是媒介，所以我想要从你这儿了解植物作为符号媒介的全部信息"。

大概是这些年我们生活在不同国家，又或许因为路卡那外星人似的表达，我听得真是云里雾里。我还真从来没想过营销、时尚与植物学之间，那披着符号学外衣的三角关系。"我没完全明白你的意思，但我会按你说的，去研究这个三角关系，然后告诉你结果。"我回答他说，"'地址我有，找到你不成问题。我会给你打电话，

---

[1]　指制作意大利面的机器。——译者注

[2]　协同进化，指两个相互作用的物种在进化过程中发展出的相互适应的共同进化，一个物种由于另一个物种影响而发生遗传进化的进化类型。——译者注

然后带你体验一个奇特的夜晚'[1]……以展示植物幻灯片的形式，放心。只是我要提醒你，把市场称为<u>丛林</u>的人应当知道，<u>丛林</u>中既没有囚犯，也没有美学家"。

对生命的模仿：被迫伪装

我知道，市场营销就是要在目标市场推销产品或服务，追求利润最大化。而在路卡眼中，要推销的产品却是植物的需求，市场和消费者则是植物的生境及其相关生物。当然，这种比喻在逻辑上扯得有点远，但我渐渐开始明白，他究竟在试图寻找怎样一种对应性。路卡寻求的这种对应性永远不会以完美形态呈现，但是一个像他这样的符号学家却可以从中获得灵感，进而模仿植物的适应性变化，提出假设理论，或对一些成功和不成功案例给出解释。但路卡应该知道，植物没有战略性计划，它们并不会坐在小桌子前，商讨如何进军市场，或如何销售产品，也不会有人为它们做这些。在植物与环境彼此操控的这场游戏中，一切都是偶然的、随机的，一切都隐藏在人们意想不到的幽深之处。我决定从这些幽深处入手，展开我的研究。

首先登场的是四种有害植物，它们是亚麻荠（Camelina

---

[1]　意大利歌手 Renato Zero 的歌曲 *Triangolo*《三角关系》中的歌词。——译者注

sativa）、倒地铃（Cardiospermum halicacabum）、水稗（Echinochloa phyllopogon）和箭筈豌豆[1]（Vicia sativa），山寨商品销售市场的四个火枪手。"您知道我们是如何取得成功的吗？我们搭上那些有益植物的车，躲在货舱里。市场营销是一种伪装和说服轻信者的艺术。其实我们还要感谢你们人类，在毫不知情的情况下，为我们的小骗局尽了一份力。"

　　事实上，从农耕时代起，人类那懒惰的小眼睛就没能时刻都分清好坏作物，导致一些杂草混进了身边的谷物中。人们用手除去各种秧苗时，常常混淆那些跟农作物极为相似的植物与真正的作物。要不就是筛滤季末储存种子时太过马虎，常常把形状、颜色和大小相似的谷物、豆荚和杂草混在一起，无意间把看上去与作物最相似的有害植物挑选了出来。就这样，水稗变得跟水稻越来越像，倒地铃如今长得跟大豆一模一样，某些种类的亚麻荠跟亚麻也毫无二致，而落在兵豆田里的野豌豆种子，则从圆球形变得越来越平，逐渐呈圆盘形。

　　如今苋菜（Amaranthus palmeri）这样的杂草对抑制其生长的除草剂免疫力越来越强，在抵抗力方面跟一同生长的大豆越来越相似。有些植物更了不起，例如，黑麦（Secale cereale）凭借极强的

---

[1]　箭筈（kuò）豌豆，又名"救荒野豌豆"。——译者注

适应性，获得了社会认可，继而跻身最高贵的谷物之列。拜粗略的筛滤所赐，那些逃过检查的黑麦得以极好地模仿小麦，以至于人们把它们从有害植物中分了出来。既然已经具备有用的性状，将它们与谷物分开并无益处。

"看来您对瓦维洛夫拟态[1]有一定了解，非常好。大多数时候，你们都把我们植物当成几个世纪间一成不变的静态物，但事实并非如此。也正因此，你们把自己的生活变得更复杂了。尽管你们会对我们进行筛滤，也会除草，但自然规律总会适应你们的活动。你们想要一劳永逸，然后两手一摊说：'问题解决了，有害植物被清除了，我不用管了。'但这对我们来说并不奏效。你们永远都不能停手，因为我们会从你们的左右两侧，甚至脚下超越你们。我们永远都能找到进化的方式，不断改变，重新冒芽，对抗你们的除草和筛滤活动。终极解决方案是个幻想，你们还是打消这个念头吧。要想继续从大自然中获利，你们最好还是跟活跃多变的大自然达成协议。"

这一点不只适用于农业，也同样适用于管理企业品牌，或管理客户与品牌关系等。瓦维洛夫拟态不仅适用于史前农民和现代农

---

[1]　瓦维洛夫拟态（亦称作物拟态或杂草拟态）是植物拟态的一种形式，杂草通过一代义一代的人工选择，使自身拥有一种或多种与农作物相同的特征。这种拟态由俄国著名植物遗传学家尼古拉·伊万诺维奇·瓦维洛夫（Nikolai Ivanovich Vavilov）发现并命名。——译者注

民，也同样适用于时尚公司。于是，我发现在这场捉迷藏中，大自然的"三张纸牌游戏"[1]预示了一种三角关系，三个角色分别是被模仿的原型、模仿者变色龙以及"荨麻乐队的放哨者"[2]，就是那个眼睛不好还参与偷盗行动的人，那个分不清模仿者和被模仿者，反而通过自己的杰作让它们变得更像的笨蛋。

　　然而，不是只有我们人类因眼力不好，败给了森林和草地上的种种说服和诱惑行为，帮助那些植物赢得最大化利益。举个例子，红花头蕊兰（Cephalanthera rubra）是生活在与风铃草属（Campanula）相同的丘陵生境中的一种兰科植物。两种植物的花朵外貌相似，人眼很容易就可以通过颜色（一个介于红色和紫色之间，一个介于玫红色和紫色之间）和形状（尽管大小相似，但风铃草属形似护指套，而红花头蕊兰则呈条裂状）将二者区分开。两种植物仅在相距几米的地方生长，且开花时间相同。风铃草属会给为它传播花粉的两种孤蜂提供丰富的花蜜作为回报，而兰花却一滴蜜都不产。尽管如此，孤蜂仍会进入它的空店铺为它辛勤劳作，传播花粉。因为孤蜂辨识颜色的能力与我们不同，它们无法区分偏紫的紫红色和偏红的紫红色，因

---

[1]　一种常见的纸牌游戏，规则是在摆出的三张纸牌中，找出预先指定的某一张牌。——译者注

[2]　意大利自编自唱歌舞表演家 Enzo Jannaci 的歌曲《他在荨麻乐队中当放哨者》（Faceva Il Palo Nella Banda Dell'ortica）中的角色，几乎是半个盲人却为偷东西的同伙放哨，最后导致整个盗窃团伙被发现。——译者注

此辨认不出两家招牌有何不同。在孤蜂眼中，它们不仅字样相同，颜色也一样。

就像营销符号学利用消费者本性弱点，兰花也凭借"消费者"孤蜂不完善的感知力，享有了"风铃草属"品牌的盛名。我本应向路卡解释清楚，决定野豌豆和兵豆，或者风铃草属和红花头蕊兰相似性的，不是植物骗子，也不是草地的伎俩，恰恰相反，植物什么都没做，它们也从来不知道要做什么。是容易受骗的糊涂蛋塑造了"模仿者"，让它变得与原型越来越像。草场上如此，市场中亦如此。

"比方说"，亚麻荠说道，"您穿着一件印有鳄鱼商标的廉价 T 恤衫，商标上的鳄鱼头朝向我的左方，与某知名品牌商标上的鳄鱼头朝向相反。您和其他消费者的购买活动，会促使仿造者将自己的商标做得与被仿造品牌的商标越来越像。为了摆脱令人讨厌的竞争对手，其他仿造者会跟随第一个仿造者的脚步，对商标进一步改动。比如，他们模仿鳄鱼尾巴的弧形，或设计一个以同样方式张口的动物"。正是懒惰的消费者、混淆作物和有害植物的农民，以及分不清色差的蜜蜂参与了这样的仿造活动，使两类种子、两种花朵和两个商标的相似度越来越高，导致两种植物和两个品牌越来越像。有时，这种运行机制效果极好，以至于被模仿者反过来效仿模仿者。比如，利用自身的品牌优势，为那些被品牌吸引却不够富有的客户生产商品，并像有害植物一样深入对手的市场，效仿他们的定价而非外观。

"比起研究人类的才能，研究人类的局限性也许能帮助路卡更好地做出选择。"我这样想着。四个火枪手肯定了我的看法，"借助杂草模仿作物并不断侵扰它们的方式，一个假冒品牌也可以在那些懒惰的消费者，或只是信息不对称的消费者的帮助下，一点一点追上知名品牌的市场份额"。 水稗讲解道，"大自然利用生物感官和本性的局限性来开展它的活动。请告诉您的朋友，研究生物模仿者的行为比调查大品牌更有用"。四个火枪手离开后，被戳到痛处的我发现它们的话是真的，商标为鳄鱼的著名服装品牌和其侵犯者之间的法律纠纷对此给予了证实。[1]

汤姆·索亚 [2] 植物学

植物的说服和诱惑行为并不遵循常规视觉设计的准则。每一个物理和化学特性，每一种动物的哪怕极小的生存需求，都是植物可以用来撬动自身世界、提升自身生存地位的杠杆。或者用我的符号

---

[1] Lacoste 和 Crocodile Garments 两个品牌曾就各自的商标问题有过长达几十年的法律诉讼。随着时间的推移，后者商标与更为知名的品牌 Lacoste 越来越相似，这一结果也要归因于 Crocodile Garments 在亚洲市场获得的成功。

[2] 马克·吐温长篇小说《汤姆·索亚历险记》中的主人公，是个聪明爱动又调皮捣蛋的孩子。有一次汤姆打架，被姨妈罚刷墙。他把刷墙说成是可以放纵恣意的艺术，过路的孩子都眼红了，情愿把心爱的东西交给他，以换取一次刷墙的机会，汤姆则悠闲地坐在一旁，一边吃苹果，一边晒太阳。——译者注

学家朋友的话来说，它们都可以用来创造辨识符号，从而操控市场并将其细分，甚至引诱一批批易上当者为其义务劳动。

这一发现源于观察我写字台上的一株植物，它形似蓝色金属弹球，闪耀着彩虹般的光芒。不管我怎样转动它，它都散发出不可抵挡的熠熠光辉，在半明半暗的办公室中看起来像是一颗颗闪光的宝石。"您好，我是康登萨塔（Pollia condensata）。为了顺应市场营销最强势的潮流，我会告诉您一些小把戏，以及如何利用动物的弱点和无知，让它们免费提供劳力。"

与普通化学颜料不同，由于果实外皮细胞壁独特的晶体构造，康登萨塔的圆球形果实表面以结构着色的方式覆有丰富的颜色。果皮细胞呈多层结构，每层约几纳米厚度，由平行等距的植物纤维组织构成，各层以精确的角度变化堆叠成螺旋形。每一层厚度各不相同，各层之间如同盘旋式楼梯的梯级，有一定的旋转角度和一定间隔，因此得以形成完美的布拉格衍射[1]现象。

---

[1] 当 X 射线入射于原子时，跟任何电磁波一样，它们会使电子云移动。电荷的运动把波动以同样的频率再发射出去（会因其他各种效应而变得有点模糊），这种现象叫瑞利散射（或弹性散射）。散射出来的波可以再相互散射，但这种进级散射是可以忽略的。当中子波与原子核或不成对电子的相干自旋进行相互作用时，会发生一种与上述电磁波相近的过程。这些被重新发射出来的波来相互干涉，可能是相长的，也可能是相消的（重叠的波某种程度上会加起来产生更强的波峰，或相互消抵），在探测器或底片上产生衍射图样。而所产生的波干涉图样就是衍射分析的基本部分。这种解析叫布拉格衍射。——译者注

当有太阳光束穿过，外果皮会因受到干扰而呈现虹彩现象，即彩虹色。这并非化学反应，而是一种物理色，是不同波长的光波产生的选择性反射，与肥皂泡产生虹彩的原理类似。果实这一部分的每个细胞都构成一个可左右衍射的光子晶体，形成了大自然独一无二的光学成果：根据光线角度或者观察者位置的不同，每一个细胞会反射出不同的颜色。为了显得更加时尚，它们还会增添马赛克效果，或者像素点阵效果。

"它就像是带有 CD 背面那种反光面的球体，或换个更高贵些的比喻，它像坚硬的蛋白石。"康登萨塔原地转着圈儿自我炫耀道。灌木丛是康登萨塔在非洲热带雨林中的利基市场[1]，它独特的色彩有利于种子在灌木丛中散播，对于球果杜英（Elaeocarpus angustifolius）和 Delarbrea michiana 这两种呈现类似效果的罕见植物亦是如此。首先，这种色彩可以延长果实展示的寿命。因为与化学着色相反，结构色不会随着时间推移而褪色，可以保证自带棱镜效果的球体果实几十年不变色。其次，这极大地增加了果实被鸟类采

---

[1]　利基市场是在较大的细分市场中具有相似兴趣或需求的一小群顾客所占有的市场空间。利基市场营销又称"缝隙营销"或"补缺营销"，又有称为"狭缝市场营销"，是指企业为避免在市场上与强大竞争对手发生正面冲突，而采取的一种利用营销者自身特有的条件，选择由于各种原因被强大企业轻忽的小块市场（称"利基市场"或"补缺基点"）作为其专门的服务对象，对该市场的各种实际需求全力予以满足，以达到牢固地占领该市场的营销策略。——译者注

摘的可能性，便于它们骗搭顺风车，跟着鸟儿到达它们想去的地方。注意，"骗"是关键词。为了搭车去森林的另一边，康登萨塔以彩虹色装饰自己，伪装成美味可口的果实，但其实它拿不出任何可以交换的东西！

飞禽就像那些心不在焉、对成分标签不够细心的消费者。它们眼中果子看起来的确十分诱人，但实际上却不符合它们的任何期待。因为果实既不含糖分，又干涩缺乏水分。糖和水分要求植物进行大量的投入，生产成本相当高。对鸟类来说，康登萨塔的果实如同一件无用的产品，可是包装却完全迎合它们的杏仁体。这种颜色机制引起了崇尚骗人把戏的时尚界的兴趣。由于结构色不褪色，因此可以避免使用污染性或有毒颜料，达到设计师和购买者想要的闪光效果，同时刺激其他潜在消费者的边缘系统[1]。

尽管果实呈现虹彩现象较为罕见，但彩虹色的叶子和花朵有很多。石松属植物藤卷柏（Selaginella willdenowii）、Danaea nodosa、Trichomanes elegans 和 Diplazium tomentosum 等蕨类植物叶子外表皮的结构色就是根据布拉格定律呈现的。但它们的使命只是伪装植

---

[1]　蝴蝶翅膀的颜色也是根据这一物理原理呈现，该原理已广泛应用于仿生领域。最近的应用范例即 IMOD（干涉仪调制器显示技术，Interferometric Modulator），该项技术可以在低耗能和逆光的情况下发光显示。跨国公司美国高通公司（Qualcomm）已申请了该技术的专利，并投入了商业化应用。

物，并利用底层丛林的少量阳光尽可能进行光合作用。

最符合路卡需求的是许多花瓣的彩虹色。在花瓣中，结构色通过水晶体或蜡一样的格状表面实现。花瓣借此吸引传粉者，告知它们商店已开业，心仪商品已备好，传粉者可平稳着陆。

颜色物理学比人眼所能看到的复杂得多。尽管人们可以在可视光谱中看到彩虹色，但是除此之外却无法感知更多其他细节。金色巴托尼亚（Mentzelia lindleyi）是一种十分美观的田间植物，它黄色的花朵与周围许多植物类似，但对传粉者而言却并非如此。传粉者能够在紫外线光谱中识别金色巴托尼亚花瓣的彩虹色，即便相距很远，也能将它从其他植物中辨认出来。

对于某些植物，如金鱼草（Antirrhinum majus），彩虹色花瓣有双重作用。它不仅发出信号表明物美价廉的花蜜已经备好，同时其天鹅绒般的表面也为传粉的蜜蜂和熊蜂提供了更牢的抓力，没错，的确是可以像汤姆·索亚那样欺骗消费者。但如果客户满意，购物体验好，又在商店前找到了停车位，他们还会再来的[1]。

康登萨塔还有其他的观点要分享，"尽管你们不久前学会了运

---

[1]　有些彩色纺织纤维就利用这种原理制成，但目前还仅处于试验阶段。由于价格高昂，韧性较差，这种材料销路不畅。过去利用蝴蝶结构色原理生产的 Morphotex 纤维，就因价格高昂而销售困难。近期麻省理工学院发明了一种织品，可以根据机械应力而改变颜色，其灵感来自跟康登萨塔有同样特点的一种植物。

用和复制结构色，但其实从寒武纪以来，植物就已经参透了其中奥秘。现在你们想要效仿这技术，来制作布料和能够反射紫外线的乳白色材料。你们的工程师展开耗力又耗资源的劳作，但你们要知道，你们的科学不过是迟钝地发现了大自然已经存在的东西罢了"。在食物、性和安全需求等杠杆的作用下，植物王国中那些骗人的小把戏，以及马克·吐温笔下顽童汤姆·索亚的伎俩不比人类市场上的少。不管是哪种情况，运行机制都是相似的：先针对目标的本能设一个圈套，在得到好处之后不给予任何回报。

比如，由于散发着类似扁臭虫留下的"珍贵香味"，圆马兜铃（Aristolochia rotunda）会吸引来黄潜蝇，这类苍蝇以臭虫残骸为食。受到大量烟雾诱惑的苍蝇进入花朵，企图找寻烤焦的臭虫（显然不会有）。然后它们会发现自己被困在了黑屋子里，屋内有一个极微小的出口，为了寻求出路，它们不得不进行一番周旋，就在不断运动的过程中，它们身上会沾满花粉。

另一个可以用来愚弄易受骗者杏仁体[1]的本性是它们对安全的需求，即它们保卫领土和财物的本能。的确，防御敌人是动物杏仁体的另一大原动力，这也被植物中的汤姆·索亚加以利用，去寻找易受骗者。比如，Centris类的雄蜂就是极端的领土保卫者。除

---

[1]　杏仁体，大脑内部的灰质核团，属基底核。是边缘系统的皮质下中枢部分，与情感、行为、内脏活动及自主神经功能等有关。——译者注

了同类的雌蜂，它们不允许任何其他飞行昆虫进入自己的领土，以避免它们侵犯自己的领土统治权。而厄瓜多尔植物 Oncidium hyphaematicum 和 Oncidium planilabre 的花朵在进化过程中，形态和颜色都逐渐变得与侵犯者相似。尤其当微风吹起时，它们会引诱暴躁的雄蜂来攻击假想敌，以将它们赶出领地。战斗过程中，被排外心理蒙蔽了双眼的雄蜂，身上会在一朵花上沾满花粉，继而又冲向同类植物的另一朵花。

"大自然中也有这些类似的活动不足为奇。"我自言自语道。对敌人的恐惧，不管是真正的敌人，还是假想出的敌人，都会刺激动物产生非理性的过激行为。它们也自以为是地球上唯一理性的生物，然而还是被同类大加利用，以致做出了许多荒唐不已的举动。此外，众所周知，植物们对我们的审美毫不在意，它们的箴言是："管用就行。"

除了食物，性欲也是那些欺骗者最爱利用的本性之一。它们常常夸大其词，炫耀着跟标签并不相符的福利。许多种兰花花朵的外观、颜色和气味都与某些雌性昆虫类似，它们就像黄色网站的大标题，诱惑大量雄性昆虫前来参与性活动。然而它们运输花粉所得的回报，无非只是像充气娃娃带来的那种空虚的满足感而已。

其他科的植物也常利用易受骗者性欲强这一特点达到自己的目的，南非雏菊（Gorteria diffusa）就是一个典例。这种植物跟意大利金盏花（Calendula）相似，算起来二者还是远房亲戚。南非雏菊的橙色头状花序由紧挨在一起的许多小花组成，直径不超过 2 厘米，与同类其他品种有着明显区别。

比如，南非雏菊头状花序的外层花瓣呈尖形，而金盏花的花瓣则为圆弧形。更重要的是，南非雏菊在外层花瓣的基础上还呈现出有立体感的小黑球体，装饰丰富且十分光亮。多年进化促使这种植物进行了营销中所谓的"极端市场细分"[1]（Segmentazione estrema），即对南非雏菊来说，它们仅有一种客户——长吻虻（Megapalpus nitidus）。

这种昆虫讨厌孤独，喜欢群居。它们不仅会在繁殖期到来时被同类吸引，平时也是如此。南非雏菊那富有立体感的黑色装饰，在外形、大小甚至彩虹色效果方面，都与雌性长吻虻极为相似。它们以此作为性诱惑，吸引雄性昆虫，说服它们光临附近的酒吧，包括斑点较少的花朵的店。有着与雌性长吻虻更相似斑点的植物，就像是更加逼真的充气娃娃，能够提高结合的质量，进而为传粉活动提供了更大的可能性。

当植物跟我讲述这些的时候，我想到了一些夜店的传单和广

---

[1] 市场细分，市场营销学中一个非常重要的概念，指企业按照某种标准将市场上的顾客划分成若干个顾客群，每一个顾客群构成一个子市场，不同子市场之间，需求存在着明显差别。——译者注

告。那些广告向来毫不吝啬地画着各种袒胸露背的男人女人，以吸引那些易受骗者进店。用我正在努力学习的商业词汇来说，每一种南非雏菊的亚属植物，就好比同一品牌连锁店的分店，每一个销售点都有独立决策的权利，因而各分店之间也会相互竞争。植物通过提供花粉报酬保证自身竞争力，并与其他优惠活动抗衡。

如果对于这些贪色的昆虫，植物的欺骗只是一场有指挥的体操运动，对于其他昆虫，植物界可就没这么和善了。只要欺骗营销还奏效，就有必要制造这种活动营利的假象，并且得有一个有说服力的代言人。这个代言人需要曾经用过这种机制，并且从中获过利，这样才能够做担保人，并指导这条"邪路"上的其他潜在获利者。植物界的营销活动与友善和公道（人类界是这样的吗？）完全相反，这是食虫植物莱佛士猪笼草（Nepenthes rafflesiana）告诉我的。之前做其他项目时，我就采访过它们。

"那些毒品贩子和搞商品促销的人应当向我们交专利费，而不是砍光我们居住的森林，占用我们的生存环境来种植罂粟、制造可卡因或是出售商品。因为利用免费试吃诱捕敌人是我们最先发明的。"跟其他食虫植物一样，莱佛士猪笼草也通过吸收昆虫氮气和其他非常规原料的方式取食。为了从广阔的市场中吸引不同上当者，它会根据目标设置不同的广告牌。

飞行类独居昆虫会被色素和气味组合诱惑，而吸引爬行类昆虫上钩则要依靠地理位置。如果陷阱设于昆虫经常出没的地段，迟早会有上当者落入圈套。然而对于蚂蚁这种群居动物，捕获装置（Apparato di cattura，符号学中十分受欢迎的表达方式，用在此处正合适）则更为精密和狡猾。莱佛士猪笼草的陷阱呈管状，内部充满液体。误入陷阱的猎物掉入后，会立刻淹死在黏性液体中。陷阱边缘的材料十分光滑，会使倒霉者顺势滑入猪笼草的捕虫笼，该设计在其他仿生领域中也有所应用。植物边缘越湿润，潜在威胁也就越大。但由于受森林气候影响，在正午或一天中较热的时间段，部分猪笼草的捕虫笼可能会较为干燥，湿滑度也较低，此时蚂蚁经过就不会有危险。

蚂蚁是如何行动的呢？就像你们在厨房中寻找食物一样，一些小蚂蚁侦察兵会在森林中探索觅食，找到之后，它们就会返回召唤与运输量比例相当的支援。抵达陷阱附近的勘察蚂蚁发现一处安全地带，其植物边缘有着丰富的花蜜（花蜜越浓，植物边缘就越干燥），便会兴奋地回到伙伴之中传达这一好消息（殊不知其致命性），并号召它的兄弟姐妹同它一起赴宴。

返回是需要时间的，而森林中天气多变。若在返回期间天气条件出现变化，湿度增加，干燥的植物边缘变得湿滑，那么蚂蚁返回后，掉入捕虫笼的将不是一只蚂蚁，而是一群蚂蚁。据统计，莱佛士猪笼草 60% 以上的战利品都是以这种方式上当的蚂蚁。[1] 这种残忍的营销策略也展现了植物处理与周围环境关系时机敏的另一面：莱佛士猪笼草为攀缘植物，能长到距离地面几十米的高度。它会根据自己的位置，利用地理营销，设置专门的陷阱。离地表较近的植株对上述捕获装置的使用明显多于位置较高的植株。为了捕获更多猎物，植株内部会对目标进行分类，蚂蚁由下位笼负责，飞行类昆虫则交给上位笼。

非洲白鹭花（Hydnora africana）的目标是粪便爱好者蟑螂，它通过花朵边缘散发出的排泄物气味，引诱蟑螂进入自己贴近地表开放的花朵。一旦进入，蟑螂会发现自己身处一个地下通道中，通道周边布有皮刺，使它们无法原路返回。这就逼得它们不得不向花朵的中心靠近，并在那儿接受花粉的常规喷撒。只有当蟑螂完成一系列精准活动，冲撞到花朵的花药和柱头，非洲白鹭花才会改变花冠的形状，使蟑螂重获自由。

这是一段极具启发性的故事：在受到卡夫卡式 [2] 的冲击后，我

---

[1]　美国初创企业 SLIPS Technologies (Slippery Liquid-Infused Porous Surfaces) 从 2014 年起，将一种特殊材料投入商产。这种材料十分光滑，不仅能够防止液体的黏附，还能够防止生物薄膜的形成和生物材料的黏附，例如血小板。这是一种受猪笼草启发的多孔材质，能够用于包裹生物医疗用途的金属和塑料。

[2]　韦氏辞典中对"卡夫卡式"的解释为：如噩梦般的复杂、荒谬，或不合逻辑的性质。如今该形容词逐渐变得口语化，常用来形容不必要的复杂和令人沮丧的经验。——译者注

立刻对蟑螂的遭遇感同身受，并想到了自己参观一些大型家具商场时遭受的无尽痛苦。每次只要一进商店，通往自由之光的唯一通道，就是跟其他随波逐流者一起，被迫进入强制式迷宫。在明知自己已成为他人游戏中棋子的情况下，买一堆无用的商品。

远离疯狂群众

为强迫随波逐流的大众成功接受产品而专门制定的策略并不总是有效。相反，恰恰是那些溯流而上的鲑鱼，促成了商业帝国的诞生，在服装、技术等多个领域皆是如此。但我想跟路卡说的是，他那些营销专家朋友所采用的策略，又一次模仿了植物市场中的固有规律。

高举反对随波逐流大旗的是白相思树（Faidherbia albida），这是一种以习性独特著名的苏丹金合欢属植物。按照干旱热带大草原上的正常逻辑，植物本应平静淡定地度过最炎热的季节，但当其他树木夏眠时，白相思树却消耗体力长叶开花。当热带草原上的其他植物在凉爽的雨季苏醒时，白相思树却枝叶凋零，进入休眠期。"与众不同的行为方式，能够帮我骗到市场上的传粉昆虫和散播种子的动物。在没有其他选择的情况下，它们全部都跑来为我服务。如此一来，我就像是为数不多的深夜开放的便利店，没有竞争对手。由于在生态利基市场上活动，在资源方面我也没有竞争对手。仅有的水分都是我的，因为是淡季，所以，也没有人扰乱我的生意。此外，我的种子会在最好的时机落地，进而在雨季建立新的销售点。当其他植物全部苏醒、竞相捕食的时候，我则淡定地退场，脱去叶子，安然享用我在淡季积累的财富。"

这样独树一帜的选择，路卡不能推荐给所有客户，它只适用于那些资金充裕且经营良好的客户。白相思树之所以能够与热带草原的主流背道而驰，主要是由于其根部扎在足有 30 米深的含水层，且拥有能够将损失减少到最小的蒸发系统，这都为它提供了可靠信贷。除了与主流背道而驰之外，用来划分市场的机制和路卡言下依靠极端明确目标的方式，或者用我的话来说，建立专门小组和独有的协同进化关系的方式，变得跟地球上存在的物理现象一样多，包括那些最难理解的现象在内。

古巴一种攀缘植物蜜囊花科（Marcgravia evenia）就是典型代表。它为自己的常客蝙蝠提供通讯台，使它们能够准确无误地接收并理解通信台发出的声波信息，召唤它们用长舌头取食花蜜，并为其传播花粉。进化过程中，该植物在花的上方发展出一个信号器，那是一片凹形圆盘状叶子，对蝙蝠的声呐导航仪起定位作用。就像昆虫可以根据颜色、外观或香味辨认花朵，蝙蝠的声呐能够凭借形状，轻松准确地辨认出信号器发出的声波。得益于信号器产生的回声，蝙蝠对该植物的定位速度，比其他没有这一小工具的花朵要快五十倍。

它们的近亲 Mucuna holtonii[1] 以及关系稍远的电灯花（Cobaea scandens）也有一种声呐镜。但它们的声呐镜由花瓣变形而来，且只能单向反射回声，以帮助蝙蝠就近定位，如同引导飞机着陆的短波雷达系统。这种声呐镜最重要的特点是它可以根据授粉情况改变形状，当无需蝙蝠时，便会对它们隐形。蜜囊花科的生态定位系统可以向所有方向发射信号，蝙蝠即便在很远的地方，也可以定位其花朵的位置。如此一来，它的客人便能从森林的另一端飞到它的商店。

任何一种现象都可以用来细分植物市场并建立专属关系，一种远古植物向我透露。尽管是远古植物，但它在产品定位方面却经验丰富。Ephedra foeminea 是麻黄属植物，它的枝叶稀疏，有着奇怪的绿色茎秆。它向我坦白道，为了在它那缺少花冠的朴素花朵上立起吸引顾客的招牌，它甚至需要月亮的帮助。"您知道皮卡迪利广场 [2] 吗？或者您翻阅过时尚杂志吗？由于各种招牌和广告多到让人眼花缭乱，要想引人注目，仅仅加大招牌尺寸，或展现更多裸体

---

[1]　美洲生长的一种藜豆。——译者注

[2]　皮卡迪利广场是伦敦索霍区的娱乐中枢，是 19 世纪 90 年代伦敦第一个设置发光广告招牌的地方。现在这里也是重要的集会场所。——译者注

图片已经不起作用了。在这样杂乱的环境中，耗时耗力去竞争是不值得的。再者，我生性浪漫，喜爱夜晚和月亮。我的情况恰好满足我的嗜好，帮助我远离拥挤的橱窗，在黑暗中展示商品。"Ephedra foeminea 的花朵并不艳丽，它们在黑暗中开放，夜行性双翅目昆虫为其传播花粉。进入繁殖期时，它们会分泌微小的含糖液滴，为夜行昆虫提供夜宵。昆虫一边美餐，一边帮助它们完成传粉工作。

令人惊奇的是它们对时机的掌控，因为所有这些活动都与夏季满月紧密吻合。满月时分，植物版"狼人"竖起茸毛，花朵上的圆球状液滴在月光照耀下，如同白宝石一样闪闪发光。像 LED 灯一样明亮的情人，吸引着传粉者的目光。由于光线明亮，传粉昆虫比平日更加活跃。

然而，Ephedra foeminea 十分清楚极端细分市场的危险。协同进化关系过于密切，市场分得过细，都有很大风险。几个多云的夜晚，或仅有的忠实顾客灭绝，就会导致植物几百万年来的适应机制功亏一篑。"我的许多同类都放弃了这种经商模式，选择了更广阔的市场，在风力的帮助下，它们通过大众营销，更广泛地传播花粉，但我选择保持乐观。只要没人扰乱我的生存环境，导致地球变暖，或在我的地盘上成排成列地建造房屋，我就继续依靠满月做我的广告。"

最后，我想对路卡说，逆主流选择也是一种绝妙的 B 计划，一种智者格外青睐的选择。他们已经从大自然身上学到了进行差异投资和选择不同市场的重要性，只有这样才能建立持久的生意关系。土狼烟草在之前的一次谈话中就聊过此事，如今旧话重提。

"划分市场是一件好事情，但是为自己预备一套能够适应两种完全相反条件的灵活机制却也是至关重要的。比如，为我传粉的主要是烟草天蛾（Manduca sexta）这样的夜行动物，它们能像直升机一样原地飞行，将长舌伸进我的花朵吸吮花蜜，并收集花粉。但吸引到烟草飞蛾有利也有弊，因为它们容易投入过多感情，把幼卵留在我的叶子上。这些幼卵孵化后，会使我成为昆虫幼虫的食物。"

这是件十分令人讨厌的事情。但是它的花朵根据形态变化，还有一套反常规的 B 计划。当夜间交易出现昆虫幼虫问题时，这种植物便会停止诱惑飞蛾，通过改变气味，转而吸引蜂鸟。蜂鸟在日间飞行，同样有着长舌，其飞行机制也与飞蛾类似。蜂鸟的效率比飞蛾低，采购花粉较少，但它带给植物整体的经济压力也更小，这在大自然中对于系统构建至关重要。"不管是白天来还是夜晚来，烟草飞蛾和蜂鸟都是回头客。因为我的花朵可以为两种完全不同的客户提供回报，确保二者均对销售点足够信任，从而达到理想的商业目标。"客户对品牌的信任，正是我要向路卡呈现的最后一点。

植物世界的会员制

作为消费者，动物理应回到同一品牌的连锁店完成相应任务。在众多橱窗前，它们应当能够本能地选出预设的目标，为达到这一目的，发展忠实客户至关重要。因为客户分工明确能够避免传粉活动出现混乱，保证植物享受到规律的服务。客户忠诚不仅仅只是因为有花蜜作为好处交换，也因为植物能够提供非物质回报和服务。如果植物能够提供一处安全的避难所，也能够免费获得昆虫的服务。当求助者是喜欢在僻静之地度过闲暇时光的独居昆虫时，尤其如此。

为了满足隐居的嗜好，野蜂（Synhalonia spectabilis）和西西里切叶蜂（Megachile sicula）雄蜂在进化过程中，形成了专用来在墙体、树干和其他地方发现缝隙的视力。它们这一嗜好被鸢尾花（Iris atropurpurea，野生德国鸢尾属）加以利用，进行了协同进化。鸢尾花逐渐生长出极为美丽的花朵，满足这类雄蜂的边缘系统需求，适应它们乐于寻觅隐居处、却视力先天不足的特点。在我们人眼中，鸢尾花呈现出五彩缤纷的优雅形态，但在黄蜂眼中，它们只是一些彩色结构，通往植物生殖区的中心区域，形似墙体上的小孔。花朵之所以呈暗红色，是为了对其他蜂种隐形。因为那些蜂种习性普通，它们也有可能会去其他商店购物，把鸢尾花的花粉带到它不想去的地方。

这也告诉我们，一个巴掌拍不响[1]。无论是在森林和草场中，还是在货架上，影响都是相互的。鸢尾花与独居蜂在颜色和视力方面彼此契合，这是自然界协同进化的结果。同样，通过符号的持续交换，消费者与品牌之间也是相互塑造的。

符号学家路卡不知道，我之所以能成为植物和发明者之间的桥梁，其实也有我高中科学课老师的功劳。我的老师算是极端教学的典例，他每周向一群被希腊语和拉丁语压迫的高中生，灌输两个小时他们毫无兴趣的化学和生物知识。他最拿手的就是讲解协同进化方面的应用实例。学生就生物适应性及其对人类的潜在影响所提出的任何疑问，都能被他归结为协同进化。这场小型达尔文之争达到了它的效果，成功向我们的脑袋里灌入了生物学的基本原理，甚至还让我们懂得了一句拉丁文箴言的含义，即塔西佗[2]曾说，"Omne ignotum pro magnifico"，即，所有未知的，都是崇高的。

彼时互联网还只是一个幻想，那些要上交给教授严格审查的资料，都是通过查询生态学、植物学和生物学文章收集到的，而这些

---

[1]　谚语的英文表述为：It takes two to tango，字面意思为探戈舞需要两个人跳。——译者注

[2]　普布利乌斯·科尔奈利乌斯·塔西佗（Publius Cornelius Tacitus），罗马帝国执政官、雄辩家、元老院元老，也是著名的历史学家与文体家。——译者注

文章都是以最奇怪的方式找到的。那时我就十分喜爱自己与植物之间的这种心灵感应，还发展起蒸蒸日上的地下"回答"生意，在临近课堂提问时高价出售。如今我想要出售给路卡的是我最喜爱的一个，十分适用于消费者教育，即由于富有营养或者富有生物活性的彩色次级代谢产物的精确分区，瓜拿纳（guaranà）赢得了巨嘴鸟的高度忠诚。

众所周知，瓜拿纳种子中含有大量咖啡因，那些总是感到疲倦的人和常常通宵达旦狂欢作乐的人也都知道。但是咖啡因成分之所以分布在种子中，而非果实的其他部位，是有原因的，这其实是它的广告策略。瓜拿纳的果实可谓是进化天才的代表，它的作用就像每次执行高难度任务时 Q 递给 007 的小玩意。从植物学角度看，瓜拿纳果实是一种红色蒴果，内部只有一颗种子，种子外包裹着一层白色的"假种皮"。果实的结构、颜色和次级代谢产物成分都对种子的传播有着重要作用。而亚马逊河流域包括巨嘴鸟在内的那些以果实为食的鸟类，则无意间（但是有回报的）在瓜拿纳种子的传播活动中扮演了重要角色。

外壳的红色、内部包裹物的白色和种子的黑色形成的颜色组合，强烈吸引着飞禽类动物。于是它们会降落在这种藤本植物之上，大肆享用其果实。事实上，它们并不食用整个果实，而是更喜欢白色的假种皮部分，种子则会被它们吐到距设宴植物很远的地方。这是因为纤维构成的假种皮富含糖分，且完全不含咖啡因。而种子中却含有大量咖啡因，以至于巨嘴鸟吃了之后会感到晕眩。因此，它们很快学会进食时不弄碎种子。在吞下种子几十分钟后开始消化时，再将其吐出。这种方法之所以可行，是因为瓜拿纳种子的外层对巨嘴鸟的胃液具有抵抗力，在一小时之内，不会在巨嘴鸟胃里留下咖啡因，而这段时间足以使假种皮内的葡萄糖和果糖完成分解。

新陈代谢活动有选择地积累植物不同结构的有效成分，瓜拿纳和巨嘴鸟之间的生物化学协议，共同保证了植物种子在森林中的传播，并为以果实为食却有教养的巨嘴鸟提供大量卡路里，作为它运输工作的回报。这一例子之所以有代表性，是因为许多植物都利用红色进行果实营销活动。的确，瓜拿纳选择红色作为外壳颜色并非偶然，这是相互适应的结果，红色其实是观察者巨嘴鸟和被观察者瓜拿纳的共有财产。

许多膜翅目昆虫（如蜂类和蝇类）是无法识别红色的，在它们眼中，红色看起来是一种类似褐色的浅黑色。它们对这种颜色并不感兴趣，而是偏爱绿色，这一点之前就已经有人跟我讲过。尽管许多昆虫的眼睛不具备感知红光的能力，但人类和巨嘴鸟等动物在这方面却天赋异禀。用符号学家们的神秘用语来说，这为植物和动物交换所指符号打开了沟通渠道。如路卡所言，人类也是动物，红色比许多其他颜色更容易吸引人类的视线。巨嘴鸟因为学会了剥食果实的技巧，把它当成了自己的专属俱乐部，为自己提供了随时随地都能找到商店的保障。但在其他案例中，消费者教育则通过更缜密的诱惑代码完成，以保证极度忠诚，从而建立依赖性，避免恶性竞争。

比如，杏仁蜜中为什么含有苦杏仁苷呢？由于酶的水解作用，这种苷会分解氢氰酸。尽管对于一些物种而言，氢氰酸并无毒性（它们不会产生这种酶，因此会将苦杏仁苷完整排泄出去），但对许多哺乳动物来说却是有毒的。传粉者采集的花蜜中，有毒物质并非只有这一种，紫草科（Boraginaceae）和黄菀属植物（Senecio）中的吡咯里西啶生物碱（Alcaloidi pirrolizidinici），金钩吻（Gelsemium sempervirens）中的钩吻生物碱（Alcaloide gelsemina），杜鹃花中的一些二萜（Diterpeni），黄芪（Astragalus）的杀虫生物碱（Glicosidi insetticidi）以及其他一些潜在毒素，都曾在一些虫媒植物的花蜜中发现。甚至橙花蜜中都有咖啡因，更不用说烟草及其一些亲属植物中含有微量尼古丁，椴树花蜜中亦如此。某些花蜜中含有丰富的甘露醇（Mannitolo），这种糖类可以降低花蜜发酵的风险，但同时也遭到一些昆虫的排斥。

从生态角度来看，这些潜在的毒素表面看起来似乎毫无意义。杏仁和它的同伙企图毒害传粉者，简直就是自杀行为，因为没有昆虫就不能传粉，双方谁也不会得到好处。然而，这些毒素之所以存在有着不同原因，并且有着明确的商业意义。一场成功的广告宣传活动会吸引来很多顾客，当然，此处的顾客指的就是大量昆虫。但是在这些规规矩矩付账的回头客中，还混入了一些小偷，以及不靠谱甚至令人讨厌的客户。因此，需要创建一个筛选机制，对这种情况进行补救，并阻止那些可恶的常客。比如，对待像蚂蚁这样只盗取花蜜，却不传播花粉的无赖，就要阻止或限制它们榨取花中糖分；又或者分泌毒素，使食虫黄蜂这样令人厌烦的昆虫远离植物。

又如在巴旦杏的案例中，只有在周边没有其他开花植物的春季伊始，蜜蜂才会去含有氰化物的杏花中取食。其他宴席开放后，它们便会转移到那些更健康的餐厅。这种情况下，毒素的分泌就可威慑住这些不受待见的客人，为那些承担更重要工作任务的客人保留能量宝藏。

然而，紫色火烧兰（Epipactis purpurea）餐馆中的奇异花蜜中毒事件，才是最令人不解的奇闻逸事。它的花蜜中较为常见的毒素，是花蜜发酵产生的乙醇。植物不会抑制乙醇生产，因为它能从中获益。乙醇的任务是灌醉前来吮吸花蜜的黄蜂，降低它们抖掉花粉的频率，进而减小它们到其他花朵那儿云游的概率。黄蜂个性较强，但爱慕虚荣，经常梳理毛发。不过在微醉状态下，它们会忘记保持举止文雅，而这对植物有益。然而，这种行为究竟是否值得，还尚不清楚。也就是说，我们还不知道，苦杏仁苷生产毒素与其导致的植株吸引力丧失，是否对植株有利。

还有一种尚未被证实的可能性，即部分膜翅目昆虫发展出一种能够抵抗花蜜毒素的能力，赢得了比其他竞争者更大的优势，即利用耐毒性获得专属供应。

有固定常客始终是一种优势，但是库存不足和意向产品断货对销售点形象影响很大。为了避免这一点，这要求植物具备高效的后勤保障，并招徕受过良好教育的顾客。如果一位顾客前来没有找到想要的商品，那么商店就可能失去这名客户，或者无法将其变成自己的忠诚客户。因此，尽管似乎有些自相矛盾，但限制顾客过量提货十分重要。

大减价时，一些连锁超市会限制每位顾客的购买量，以保证优惠活动得到最大化推广，从而使超市形象得到综合提升，赢得尽可能多的长期回头客。关于这一策略，大自然又一次走在了我们前面。很多植物花蜜中含有微量毒素，很有可能也是出于上述同样目的。轻微的毒素对于那些只取常量花蜜的昆虫不会有任何伤害，但对那些竭泽而渔的贪心者，可就不一样了。

我们甚至可以假设，咖啡因和尼古丁就像超市积分，是制约昆虫行为的有效因素。蜜蜂的确更喜欢在含有生物碱的花朵中取食，在实验室中，它们也会选择添加有这种成分的花蜜样本。在这个意义上，可以说奖励效应占据上风：如果你从我这取食（并将我的花粉运送到我亲戚那儿，而不是别的地方），那我就向你提供咖啡、烟和功能饮料，以便你能飞得更远，做更多工作。所以植物大量甚至过度生产成瘾性物质，很可能也是一种自然选择。

最后，我朋友路卡的意图再清楚不过了。在一位符号学家眼中，一个果实、一朵花或一种有毒成分都是符号，它们在自然界向已选好的、确定的接收者传递意义。只要能弄清楚这些符号是如何被制造、传播和解读的，就能找到俘获消费者的新方式，从而发展营销策略，或是搞懂那些难以解释的发展趋势。用沟通专家的话来说，昆虫们的感官和神经系统一旦受到他人操控，眼睛、耳朵和神经就被用来控制它们的行为活动。事实上，它们已然被联结在了协同进化的纽带上，从此很难再解开。

但是有一件事情，我要向路卡和他的同事说明，即植物的行为是不受管理控制的。企业创造市场是一码事，环境塑造植物则是另一码事。环境塑造植物的方式是反向的、没有计划性的。植物不去创造审美体验，而是在物种个体间差异性的基础上，随机适应周边环境。我不知道路卡会怎样理解我的植物幻灯片，又如何把尊重动物和昆虫感官的果实和花朵，转换成对高级时装有用的东西。但事实上，正如他一开始就说的，植物和营销活动，都拥有能够打开包括人类在内的动物本性独一无二的钥匙。

第六章

我的"欧罗诺瓦[1]清单"

---

[1] 欧罗诺瓦（Euronova），一个生产创意日用产品的意大利品牌。——译者注

海面降落任务

很早以前我就懂得建立创意档案的好处，在遇到奇特又困难的案例时，可以从中提取灵感。面对古怪的客户，我可以从档案中找到相应页，无须重新进行采访或调查。我把这个档案称为"欧罗诺瓦清单"，就像古老的邮寄购买系统[1]，在上面可以找到最稀奇古怪的东西，包括水猴和 X 光眼镜等。

创意档案这一想法源自我与一位前美国国家航空航天局（NASA）指挥官的一次谈话，我们曾在某次研讨会的茶歇时有过交流。我本希望从他那儿钓到客户，毕竟他曾参与过阿波罗计划，并作为航空航天工程师，监制过宇航员返回地球的全部方案。他挥舞着鸡肉三明治，带着典型美国佬式的热情，向我讲述他曾经付出过怎样巨大的努力，为制作数学和机械模型如何日夜赶工、呕心沥血，以及经历过多少次失败，才解决一项被他称为"不可能解决的难题"，避免了返回舱在降落海面时翻船。工程师们曾经推测，阿波罗 11 号的指挥舱返回陆地时，可能会以两种平稳的方式降落在太平洋上：顶部朝上，或顶部朝下。如果顶部朝下降落，那船舱用来

---

[1] 互联网出现之前，人们会通过纸质清单选择和订购商品，并通过邮寄方式采购。——译者注

定位的无线电天线和宇航员逃生门都会被水淹没，情况将变得十分复杂，且船舱有很大风险沉没于大海。

在这个项目上经历了长时间煎熬和接连挫败与失望后，指挥官和他的同事排除掉那些不可用的方案，最终设计了三个可安装在指挥舱顶的防水气囊，就是在照片上常见的飘舞在舱顶的那种黄色气球。若太空船舱在海上降落时方向反了，宇航员可借助防水气囊扶正船舱，改变其漂浮状态，在几秒钟内使船舱恢复到想要的姿态。要达到这一目的，只需用内部压缩机向气囊内充气即可。"登月创举之所以能成功，多亏了几十号人辛勤劳动、努力设计出了这个看似普通的物件。"他带着难以掩饰的自豪感总结道。

当我告诉 NASA 指挥官，远在一亿三千万年前，自然界中一种普通的松树，就已经参透它和它的团队引以为豪的方案时，指挥官的三明治猝不及防地卡在了嗓子眼儿。见他还有时间，我便让他坐下缓和片刻，并给他倒了满满一杯咖啡，然后开始了我的讲述。

松树和其他裸子植物（Gimnosperme）的种子都是裸露的，不受子房封闭式保护。孕育种子的胚珠完全暴露在空气中，位于嫩枝尖头，或木质苞片表面（木质苞片聚在一起形成松果，植物学家称之为球果）。同所有胚珠一样，松树的胚珠也要等待雄性配子受精。然而，与既可借助风力，又可利用不同动物无意识帮助的被子植物（Angiosperme）不同，大部分裸子植物只能进行风媒传粉。为提高受精成功率，它们进化出了不同机制，其中一些就为满足现今人们在航空航天工程领域的不同需求提供了灵感。

例如，胚珠的结构能够发生改变，以便更好地收集花粉。因为由风带来的花粉粒越容易被植物捕获，受精的概率就越大。因此，在自然选择的作用下，松科（Pinacee）和罗汉松科（Podocarpacee）植物的松果胚珠周围的结构逐渐形成较强的适应性。它们会分泌一种水珠状液体，用以存放花粉。这些液体会滴入一个朝下的漏斗状结构，漏斗的底部则是胚珠。

为了提高捕获花粉的成功率，植物分泌的液滴会在空气中暴露大约两周时间，尽管其效用完全发挥的时间实际只有一周。效用完全发挥一周后，液滴会被重新吸收，将花粉带到更高的位置。通过倒置的漏斗状结构，以水媒方式将其送入胚珠完成受精。但在这两周时间内，花粉粒不会沉没，而是始终漂浮在液滴表面。这样做的原因首先是为了避免花粉"以为"已经到达目的地，而过早萌发。其次，如果花粉完好地漂浮在液滴弧线上，则很难在再次爬升时着落在漏斗状结构上。因此，所有花粉将会一齐到达胚珠，然后……优者胜出（也就是在迷你太平洋上降落时，漂浮状态最好的那个）！所以说，液滴在风中暴露的时间越长，储存的花粉就越多；花粉在液滴表面漂浮的时间越长，在合适时机抵达胚珠的数量就越多。

自然界进化的难题跟阿波罗 11 号的如此相似，那么它们是如何解决的呢？答案是逐步完善自身机制。如果在显微镜下观察，会发现这些微小花粉粒有两个空心球状的气囊，看起来与华特·迪士尼的米老鼠有几分相似。这两个气囊的首要作用，就是帮助花粉粒于必要阶段在液滴上漂浮足够久的时间，包括沿漏斗重新被吸收的阶段。执行任务的过程中，两个防水气囊同时还保证了花粉粒被液滴再次吸吮时始终保持正确朝向，以增加胚珠受精的概率。

受精前的生殖活动在花粉粒内部进行，且严格遵循几何准则。精子和花粉管细胞核，位于与气囊相反的一侧。相对于那些没有漂浮的花粉而言，这一优势不容小觑。因为将雌雄配子放置在同一侧，受精概率至少是其他竞争者的两倍。气囊的存在确保了生殖区始终位于朝向胚珠那一侧，且漂浮状态不会翻转，正如阿波罗 11 号的航空工程师所希望的那样。这些都不是偶然现象。

总的来说，裸子植物常被鲁莽地形容为低等的，或原始的，但它们绝非如此。

胚珠周边不分泌液滴的裸子植物没有漂浮花粉，唯一将这两种功能合而为一的例外是东方云杉（Picea orientalis）。东方云杉的漏斗状结构朝上而非朝下，花粉的气囊尽管存在，却多孔透水，一旦到达位置便会瘪掉，并且会在三分钟内沉没，直接将花粉带入胚珠内。

听完我的讲述，我的对话者感到，他对阿波罗 11 号降落海面所作的设计简直是徒劳的。为了安慰他，我告诉他其实松树花粉的这一流体动力学天赋，几年前才得到确切解释。起初，人们认为那些充满空气的小球体，只是空气动力学和空气静力学的辅助设备，以方便松树花粉在空气中（而不是在水中）飘浮，帮助这些小热气球进行风中运输（顺便说一句，它们可以飞行 1300 公里）。这种推测是有可能的，但那绝非是唯一的功能。当然，人们最早进行登月探险时我还没出生。如果那时 NASA 向植物创新公司咨询，指挥舱漂浮的难题一定能在短时间内迎刃而解。

"如果 20 世纪末以前，我们对松树的基本生物学有更深入的了解，便能从中学到非常实用的课程。"指挥官坚定地吞掉最后一口鸡肉三明治，睿智地总结道。

柑橘属与缓冲器

与退休指挥官碰面之后，我又使用了几次"欧罗诺瓦清单"。在此期间，清单中又加入了一些奇怪的词汇，并记录下了一些植物及其器官的罕见功能。从那时起我便明白，只要我们不把自然当做用来凝视冥想的静物，而是像探索道路一样，善于挖掘解读自然知识和现象，植物就真能在我们眼皮底下闪耀各种创意灵感。

而要获得灵感，并不需要总紧盯那些生长在遥远环境中的异域植物。我在一次午餐中，不小心把橙子掉到了地上，但却从中得到了启示。之前苹果也曾遭此悲惨命运，但同样作为受害者，橙子掉落地板遭到撞击后，却没有出现任何明显的可视变化，这引起了我的好奇心。尽管掉在了坚硬的大理石地板上，它竟没有出现任何伤痕，也没有任何爆裂声，更没有任何果汁喷溅。

大概是为了避免自己被吃掉，一回到桌上，那橙子便开始自我夸赞起来，称自己有着类似核桃仁与核桃壳、人类大脑与头颅相结合的结构 [1]。"在制作头盔方面，我表现也不赖"，它对我说，"也许我可以教你一些你不知道的，关于我表亲柚属的事儿。我知道你在公司是干什么的"。

当时离午饭时间还早，刚好时间比较宽松，我便调整坐姿，洗耳恭听橙子的叙述。它首先为我总体描述了一下它的表亲，通常被人们称为柚子（Pomelo）的植物。它的学名为 Citrus maxima，是柑橘属中果实最大最沉的一种，有的甚至可达到 8 公斤，其树枝可达到 10 米以上，通常不易嫁接。同所有柑橘类果实一样，柚子果实的果皮也分为两部分，一部分是富含香腺又结实的彩色薄外皮

---

[1]　1939 年，设计师弗里茨·卡恩（Fritz Kahn）曾这样评述他的核桃插图和人脑："容易被风吹落的果实都有着理想的包装，因此它们撞击地面时，不会受到损伤。核桃的包装方式与人脑的相同：（a）核心 / 大脑；（b）软核皮 / 脑膜；（c）硬核皮 / 具有垂直和水平壁的脑膜；（d）硬壳 / 骨层；（e）果壳 / 皮层。"

（Flavedo），另一部分是苦涩多孔的白色内皮（Albedo）。外皮包裹在果实外表层，白色的内皮负责保护可食用的果肉部分。果肉呈瓣状，内含种子。

柚子的白色内皮有3厘米厚，比彩色外皮厚得多。在显微镜下，二者的区别也明显可见：彩色外皮的细胞直径相等，且彼此间没有任何空隙，而白色内皮的细胞形状不规则，且呈分叉状，细胞之间有宽大的空间。此外，果皮组织中还有大量坚韧的维管束穿过，增强了其坚固程度，使其形似半硬式框架包裹的坚硬海泡石。

我偶然的牛顿式实验，揭示了白色内皮的生物学作用，即为了避免果实内部遭到撞击，白色内皮根据柑橘属果实的重量，以及从树上落地时所获的动能，量身定做了一套变形减震机制。像柚子这样沉的果实落地时可能会摔裂，因此大自然赋予了内层吸收强震的理想生物学结构。果皮可以消减动能，使果实更结实，从而避免果实内部损坏而遭动物嫌弃，或者避免合适时机到来之前就腐烂掉。这对柚子来说好处极大，因为若遭到损坏，它就不能完成自己的重要使命——在距母株较远的地方播撒种子。

"如果我跌落时损坏了，您就不会选择我了。而且我很有可能过早地腐烂，这样我就没有办法完成繁殖任务。我之所以在这儿，正是希望能够被您吃掉，完成我的自然使命。"橙子说道，仿佛在暗示我不能放弃健康午餐。

接着，橙子又跟我讲了它的另一个表亲——葡萄柚（Pompelmo），以及其他一些厚皮橙的故事。但这些例子不能被称为是纯粹进化的结果，因为千年来，这些品种的繁殖都受到人类操控。柚子（Citrus maxima）跟香橼（C. medica）和橘子（C. reticulata）一样，是为数不多的人类用来杂交其他品种的原生纯种。

"例如，我是柚子和柑橘经过一系列杂交形成的品种，而葡萄柚则是柚子和另一种杂交橙杂交的结果。"我的午餐证实，"你们人类按照食用部分挑选植物，你们讨厌白色内皮，而更喜欢皮薄肉厚的果实。但在自然界中，恰好相反，因为果实会掉落在森林中。因此，我才秉着知识分子式的真诚，跟你讲述我的表亲而不是我自己。因为只有它的基因和结构才真正是大自然选择的结果，没有杂交带来的混乱"。

柚子强健的果实成熟后会从树枝脱落，滚落在地面上。由于撞击地面的部位是随机的，所以果皮的减震功能遍布整个表皮，而非集中在特定某一侧。然而，白色内皮的内部组成却不相同，可变形的空间和细胞交替运动，运作机制与整体结构的框架类似。粗略地讲，机械能的吸收通常分为三个阶段：第一个阶段是直线弹性阶段，此时被吸收的能量不会改变物体结构；第二个阶段是停滞阶段；第三个阶段中能量促使结构变形，直到其无法承受，从而将能量传递到内部。

与传统的吸收性材料（Materiali assorbenti）不同，对柚子而言，上述的前两个阶段是不存在的。所有的荷载都通过表皮变形得以减轻，不会造成不可挽回的后果。数据显示，柚子的白色内皮能够消除 70%—90% 跌落时获得的动能，并能够承受 80 焦应力[1]，而不对果实造成伤害。尤其值得指出的是，白色内皮的这种功效，保证了柚子无需吸收性材料，即可保持理想的几何形状。

为避免果实爆裂，白色内皮的几何结构由外向里逐层变化，密度随着细胞间隙增多、直径变大而减少。内皮中贯穿坚韧的网状维管束，维管束与外表垂直，且规则分岔——每间隔果皮总厚度的 16.5%，就会有一个分岔，由此网状维管束在白色内皮的内外层之间呈幂数增长。当遇到从树上跌落地面这样的撞击时，所有能量都会被细胞间的空隙吸收。但这些空隙不能太多，也不能太少。空隙如果太多，能量就会转移到果肉上，导致果肉破裂；太少则会导致整体结构能量失衡。

为柚子提供防震功能的，并不是人尽皆知的泡沫材料，而是一种结构，其中细胞与空隙、结构自身和边框各自承受适当比例的应力。柚子白色内皮的几何学构造提供了一种数学模型，使我们无须

---

[1] 物体由于外因（受力、湿度、温度场变化等）而变形时，在物体各部分之间产生相互作用的内力，以抵抗这种外因的作用，并试图使物体从变形后的位置恢复到变形前的位置。在所考察的截面某一点单位面积上的内力称为应力。——译者注

从零起步，而是可以在此基础上，建立撞击能量、吸收能力、构建材料的轻巧度和数量之间的理想关系，设计出具有多层屏障的缓冲器。根据植物创新公司的发现，利用上述自然设计原理，可以生产头盔、缓冲器或其他类似的实用物件。

"我帮了您的忙，现在可以请您在把我吃掉后，将种子埋入花盆吗？"

完美陷阱

"欧罗诺瓦清单"还帮到了我工作中遇到的另一种植物。雷纳尔多在我公司那栋楼当门卫，他十分友善，机灵且有胆识。很多年前，他从菲律宾来到意大利，如今已说得一口炉火纯青的意大利语。他不辞辛劳地保持着楼梯和门廊的整洁，管理着不同分类的垃圾箱，并负责守卫整栋楼的安全，不速之客在门口就会被他撂倒。有时我会在楼梯上遇到他，如果有时间，我们会手舞足蹈地讨论我的工作和过道阴暗处的可怜植物。

有一次，在一个楼梯平台上，雷纳尔多向我吐露了他的梦想和一些想法。"你们这里一切都是干净卫生的，你们也有足够的经济实力，购买对付昆虫和老鼠的有效武器。但在其他经济条件差的地方，没有这些工具。那些地方卫生条件很差，老鼠十分嚣张。不仅如此，甚至床上还有臭虫……叮——它们咬人！还吸血！这是一个非常严重的问题。"他挥舞着双手说道，"六楼的工程师跟我说，他常去世界各地出差，几乎在任何住处的床上都看到过不想看到的东西，并且不只是在贫穷国家。他说在某些房间睡觉前要向上天祈祷，还要跟从地板爬上来的跳蚤和臭虫斗智斗勇"。

事实上，近年来的一些数据表明，即使在那些卫生状况好、有预防手段的富裕国家，上述问题也愈发严重。即使在美国，甚至在纽约，也能在床上发现臭虫的踪迹。它们昼伏夜出，专门往人们睡觉的地方爬。"它们很喜欢搅乱我们的旅行，并在此过程中对许多杀虫剂发展出抗药性。"我回答道，同时也想到自己工作艰难的一面。植物、动物和微生物不断相互适应，不仅导致我的研究结果要不断更新，仿生学也要顺应这样的变化。

雷纳尔多笑着挤压桶里的墩布，并抓着把手叹了口气。"您知道吗，布吕尼博士，以后我想回家乡开一家公司，生产消灭床上臭虫的产品。我认为这是一桩有利可图的好生意，因为卫生工作是世界上第二古老的事业。不知道您的档案盒中有没有好的创意！"上楼进入办公室，我认为出于正当的理由，公司完全可以放弃一些信息，于是我决定向雷纳尔多赠送一页我的档案，即关于利马豆的那部分。

早在人们从吊床过渡到满是跳蚤的床垫之前，利马豆（Phaseolus

lunatus）就面临着同样的问题。昆虫总企图啃食它，或吸取它的汁液。其他植物选择用驱虫剂进行化学防御，或求助于敌人天敌，而利马豆则在进化过程中，发展出了十分有效的抵御小型昆虫的能力。床上的温带臭虫（Cimex lectularius）对此感到十分痛苦，它们与利马豆的生态敌人大小相当，因此生存同样受到这种"武器"的威胁。

利马豆利用叶子外皮特有的小细胞实行带刺铁丝网战略（人类模仿桑橙（Maclura pomifera）树刺的形态，第一次发明了工业用的带刺铁丝网[1]），以抵御敌人。这些细胞有着形态各异的尖锐形状，内部空心，外面包裹着一层坚韧的细胞壁，十分坚固。这种细胞被称为毛状体，利马豆的毛状体呈极为尖锐的弯钩状。

你们曾在花园围墙上装过碎玻璃吗？你们会在布满刀片和钉子的路面上行走吗？你们会去咬一个海胆吗？你们乐意在满是荆棘的灌木丛中散步吗？没错，利马豆这样的植物也会向那些讨厌的昆虫发出同样的威慑信息。许多植物拥有尖头、刀片、弯钩、剃刀等形态各异的毛状体，例如老鹳草、烟草和薄荷科植物（Coleus）的尖柱，毛芯花叶上不可穿透的密林，大麻（Cannabis）那甚至可以

---

[1]　带刺铁丝网发明于1868年。在此之前，美国的农民和饲养员习惯种植密集的桑橙篱笆，并对其进行修剪，以刺激带刺幼枝的生长。发明带刺铁丝网的人叫迈克·凯利（Michael Kelly），他用带刺的铁丝取代了桑橙刺。他的专利书上写着："我的发明赋予金属丝栅栏以带刺篱笆的特点。"

通过碳酸钙矿化，从而使基部变硬的锐利又坚固的毛状体，薰衣草（Lavandula）的鹿角状叶，拟南芥那对于毛虫或昆虫来说如瓷刀片般锋利的长矛等，这些全都是昆虫行动的障碍。在出动地面军队之前，许多昆虫都想要在毛状体上面涂抹凝汽油剂，以保证行动自如。

然而，确保上述机制奏效的关键元素，是威慑物和待拦截动物之间的大小比例。例如，荆棘丛可以完美地击退哺乳动物，但萤火虫或小老鼠却可以在其中穿行自如，不必过于担心受伤。对它们而言，带刺的树枝间有着相当宽阔的空间。同理，利马豆的毛状体在进化中专门调整尺寸，以缠住或刺穿臭虫般大小的昆虫，据说效果极好。

我记得，我最初了解到利马豆的毛状体是基于一句地方俗语——"官方科学应与民间传统知识相结合"。一些专业的仿生学家就是从巴尔干半岛乡下的传统实践出发展开研究的。20世纪初，那里最贫穷的农民仍然习惯于在卧室地面上铺撒利马豆叶。早上醒来后，他们将叶子聚拢在一起烧掉，声称有落网的臭虫。七十年前，曾有人对此进行调查研究，并提出一种假设，即这是由于利马豆的毛状体造成的。但由于战争与合成杀虫剂的推广，此类研究没有引起太多重视。

所谓的"官方科学"后来又再次进行上述研究，认为通过模仿自然界的解决方案，能够解决当前温带臭虫问题。这一问题也许算不上至关重要，但在某些情形下却令人十分头疼。科学研究者利用电子显微镜，对传统除虫方法进行了研究。他们把一些臭虫放在豆叶上，观察接下来发生的事情。仅仅几秒钟，所有臭虫在仅挪动几步后就都被困住了。它们越是挣扎企图摆脱困境，情况就变得越糟。半小时后，臭虫们的腿部和腹部严重受伤，以致无法挪动哪怕3毫米以上的距离。即使在同一片叶子上放20只臭虫，也没有任何一只能从毛状体的迷宫圈套中走出来。总之，豆叶简直是昆虫的噩梦。它们不会直接死去，却会被永远困住，或者至少被困到农民将叶子扔进火堆的时候。这证明了传统实践的有效性，为实现雷纳尔多的梦想和其他新的应用提供了思路。

利马豆的防御机制之所以有效，是因为臭虫腿部有两个弯爪，用来抓住物体表面。恰恰针对这一特点，在进化过程中，利马豆长出了与昆虫爪比例越来越契合，甚至形状完美相称的钩状物（直径为10微米，长100微米），堪称量身定制的捕虫器。毛状体的坚韧材质也是根据臭虫的力量进化的结果，为了保证其不被臭虫破坏。总之，回到雷纳尔多提到的问题，我们完全可以效仿自然，生产针对敌人定制的平面产品，这样便可省去我们设计模型、试验材料、调整比例等一系列麻烦。

我送给雷纳尔多的方案中不只有这些理论描述，还有模仿自然的可行性推论，尽管这些推论还有待改进。叶子可以作为模型，用于生产向其中填入与毛状体有相同机械抵抗力的塑料模具。这样便可制造出想要的平面材料，用来捕捉难闻的臭虫和任何其他有类似腿爪和类似力量的昆虫。但到目前为止，人类试验尚未达到与利马豆叶同等的功效。在精妙的大自然面前，我们始终都是手工艺领域的外行。但我们只差最后一步（也许雷纳尔多会负责完成），那就是我们要寻求钩子密度、形状与大小的平衡，制造一种黏性钩条，铺在卫生状况较差、受侵扰严重的房间里，或者铺在电影院的走廊上，臭虫尤其喜爱待在电影院舒服的沙发上。还可以为勇敢的旅行者设计旅行装，这样当他们住在卫生状况差的地方时，可将钩条黏在床腿上。

当然，进化就像爱情，没有什么是永恒的。臭虫和其他爬行昆虫的基因迟早会进化，捕虫器将不再能困住腿更长或更粗的物种，或者它们的角质毛会穿上"鞋子"，使它们能浮在植物捕虫器表面而不受伤害。仿生学以及植物、昆虫、微生物之间不断的适应性变化，是我工作中既美好又令人头疼的部分。但至少现在，臭虫问题对我们来说是完美解决了，也许对菲律宾创业者雷纳尔多来说也是如此。

花朵和毛刷

上面我们已经讲述了毛状体作为捕虫器的应用，我的朋友雷纳尔多将来可能会借此发一笔大财，但毛状体也可以用在不那么暴力的方面。比如，其中一种应用将单向天鹅绒刷（也称单向刷）和蔓长春花属（Vinca）或长春花属（Catharanthus）植物的花朵结合，这算是人类对自然的一种主动模仿。毛刷如何使用，我想人人皆知——若从右向左刷，可以去掉布料上的灰尘和毛状物；从左向右刷时，又会把聚集的东西留下，什么也不带走。勤劳的妻子常常使用这种工具清理大衣，或者在丈夫外出参加重要会议前，为他们梳理外套。

然而在刷子发明之前，热心的长春花就用同样的方式为蜜蜂梳理衣物，通常在它们采完花蜜从花冠中离开时。长春花的这种行为其实跟人类使用普通双向刷的原理是一样的，之前查尔斯·达尔文（Charles Darwin）就曾对此做过详细的描述。那时候，达尔文常常在草地上散步或去远足，希望能够"看看世界是怎样构成的"。然而，他始终没能明白，为什么中欧纬度的蔓长春花（Vinca major）尽管欣欣向荣却从不结果。

于是，达尔文花时间解剖了一朵蔓长春花的花冠管，观察花丝的排列。花丝构成花冠中心的茸毛部分，与柱头等高。达尔文发现，花冠表面的茸毛从外向内，整齐地排列在一起。如此一来，昆虫就可降落到与柱头等高的位置，而不干扰柱头。当昆虫离开时，花朵的茸毛却会仔细"梳理"它们的毛发。换句话说，它们会在入口处梳理昆虫外部毛发，当昆虫出去时，又会对其进行反刷。这样一来，昆虫在到达柱头区前，身上黏着的其他花朵的花粉粒（假如有的话）会被梳理掉。同时，由于花药位于茸毛区外，离开之前，被清理过的昆虫又会"披上"所在花朵花药中的花粉粒，飞往另一朵花。单向刷帮助长春花实现交叉传粉效率的最大化，同时又清理了可能存在的竞争对手的花粉，将其留在自己的花内，增强了自身的区域霸权优势。

如果达尔文也曾有过梳理外衣的需要，他一定也会以长春花的毛状体为模型发明一种单向刷。

看不见的计谋

尽管不情愿，但我经常不得不在假期工作。与朋友和家人待在一起时，这种工作狂特质也会发作。一个夏天的周末，我和几个朋友在乡下烧烤。正值日落时分，有人在踢球，有人喝着葡萄酒欣赏成排的梨花，还有人在大藤架下打牌，一边抱怨蚊子，一边赞美捕虫灯，"日落时分，这里一般让人无法忍受，蚊子会蜂拥而出，这群吸血鬼！伟大的发明家啊！"

正在打牌的我告诉他，捕虫灯实际上并非人类的发明。尽管受专利保护（可能还不止一个），但吸引昆虫继而消灭昆虫的荧光原理其实是植物的"发现"。例如，一些食虫植物就利用这种原理捕食昆虫，从中吸收在土壤中找不到的营养。朋友带着疑惑的目光看着我，我解释说是植物自己告诉我的，因为这种机制是人眼看不到的。猪笼草和瓶子草（Sarracenia）就是典型代表，它们有一种瓶状的弧形虹吸管，被称作"捕虫装置（Ascidio）"。它的顶端有开口，开口处有一个"小瓶盖"作为遮挡，内部充满液体。如果有昆虫飞入，或从边缘滑入捕虫装置，将再也无法生还，它们会被装置内富含消化酶的液体消化掉。

然而，关键在于昆虫会无法自拔地被捕虫装置吸引，因为捕虫装置具有糖的甜味，以及植物特意制造的挥发性化合物。同时，捕虫装置还能像捕虫灯那样，散发出明亮的荧光。这是较为常见的酚类次级代谢产物，例如，绿原酸（Acido clorogenico）或莨菪亭（Scopoletina）能够吸收光能，并将多余的部分以昆虫可见而人类不可见的波长散发出去。植物的荧光信息并非通用，它有明确的针对性，整株植物也不会像满月那样，在夜里闪耀光芒，这样设置陷阱没有意义。除了能够接收人类可感知到的相近波长，昆虫还能够看到一部分紫外线，这帮助它们能很轻易地在草丛中识别有花蜜可取的花朵。

在草地上的各种颜色之中，除了花瓣的黄色和紫红色，植物还会利用明亮的荧光蓝色，向传粉昆虫发送信号，以示花蜜的存在。这些荧光蓝色标识为昆虫创造了降落跑道，它们就像霓虹灯箭头，准确地指出应当如何着陆，以及在哪着陆，为昆虫的工作提供方便。比如，在紫外线照射下，普通雏菊和黄春菊的头状花序的黄色和白色会被蓝色线条取代。线条指向花朵中心，标明"直升机"应当降落的位置，在那儿有备好的花蜜和成熟的花粉。此外，我们可见的色素和荧光色素并不是均匀分配的，在雏菊的同一个头状花序中，荧光色素被某些细胞有选择性地积累起来，而白色素则均布整个花瓣。

这样就建立了一个人类无法辨识的隐蔽世界，但对昆虫而言，这些颜色却为它们提供精准的指示和建议，帮助它们实现与植物在通讯领域的协同进化。阴险的猪笼草和瓶子草则在进化过程中，将这一通信手段作为它们的特洛伊木马，用来诱惑猎物自投罗网。

要想获得好的效果，陷阱就得足够逼真，能够引起目标上当者的垂涎。如果某一不幸的节肢动物接收到的诱骗信号与安全标识相同，那么陷阱的效果就更好。这是伪装的基础，你要假扮成一朵友好、心不在焉又有料可取的小花，然后……突然袭击。昆虫已经习惯识别荧光色招牌，并且自然而然地将它们与食物联系在 起。因此，当它们看到蓝色时，会非常淡定地飞来。只可惜，那诱人的招牌指向的是汉塞尔和格莱特[1]家。

荧光区的位置具有特定意义，例如，猪笼草笼口处荧光效果尤为明显。呈线性排列的细胞向笼内延伸，细胞内部积聚绿原酸和莨菪胺（Scopolamina），在猪笼草所处阴暗的森林底部，形成一圈闪闪发光的戒指形状。受到诱惑前来的昆虫，深信可以在这里饱餐一顿。它们或飞行，或爬行，徘徊在入口处寻找花蜜。它们感受到内部的糖分和香气更浓厚，于是挪动位置。笼口边缘处因为有蜡又亮又滑，最终昆虫沿斜坡径直滑落至笼内的消化液中。

这是一项综合性立体战略，捕虫灯利用的是上述原理的简化版：昆虫被紫外线吸引，并相信能够找到美味的食物。只是它在捕虫灯处找到的不是蜡，而是吸风扇和电格栅，进而被一下电死。

与其说捕蚊灯是人类的发明，不如说它是受进化现象启发带来的技术进步。我们之所以坐享其成，是因为它的确效果极佳。但申请了专利的工程师其实是模仿了自然，并加以改善，进而满足了波河流域乡村的夏季需求。

---

[1] 《格林童话》故事中的角色。汉塞尔和格莱特兄妹俩在森林中迷了路，饥饿难忍、腿脚无力的他们来到了一个有着面包屋顶和糖果窗户的小屋。饥饿让他们忘记了疲惫和潜在的危险，于是他们啃起了屋子。结果在巫婆的诱骗下，哥哥被锁屋中，妹妹则被迫做劳力。——译者注

可疑的客户

我从清单中获取灵感，与客户展开合作，但并不是每次合作都那么顺利。尽管已经过去几年，但我仍清楚地记得一位特别的客户。我对于他的印象格外深刻，清楚地记得会面的细节。他来我办公室的那天上午我没有其他预约，当时正在重新整理档案卡以打发时间。他穿着打扮十分讲究，头发梳得油光锃亮，从半掩的门缝中探身进来，左手指着公司的 Logo 对我说，他需要我的帮助。他的声音隐约透露出一丝犹豫不决，但谈吐十分流畅。嗯，着实不错的演技，看得出他做过很久的经销商。那周我的生意惨淡，没有任何人找我帮忙，所以，不管他是否讨人喜欢，听他讲述，是唯一能让我那没有工作的七天有点意义的活动。

开始说话时，他略显尴尬，几乎是嘟哝着说的，我便明白他涉足的是不太正当的可疑勾当，他那大写加粗式的肢体语言很明显地说明了这一点。

"是这样，我们生意做得很大，盈利很有保障。且这份生意利润不小，所有人都需要我们提供的东西。根据我们加工材料的发展趋势，预计这个领域将会有突破性的繁荣发展，尤其在北美地区，以及亚洲和东欧的多岩石地带。但是我们的生意在形象方面却有些糟糕，您明白吗？"我当然明白，然后呢？"您看，我们做的是……"

他在椅子上扭动了一下，弯着身子，几乎贴近我低声说道，"我们做的是……这么说吧，我们称它为穿孔工作，但不是传统意义上的那种。这是一份不太正当的、会被道德主义者批判的工作，您能懂吗？"我当然懂，然后呢？"我们的工作在隐蔽边缘的地方进行，传统的工人通常不愿进入。因为如果按常规方式工作，投入和效益的关系将会……怎么说呢，将会十分困难，您明白吗？"我当然明白。我不仅明白，还等着伏击他。他探身到写字桌上，用极低的声音说着，目光盯着门口，似乎连带有公司 Logo 的磨砂玻璃一侧的阴影都要加以提防。

"您得知道，我们的穿孔工作是比较暴力、猛烈的活动。穿孔过程中会遇到摩擦和阻力，一旦进入较深的层次，还得保证出口始终保持敞开状态。我们需要一种润滑剂，但不是随便哪种都可以。我们需要浓稠的、黏滞度高的那种，得能完全溶解于水，且不留下任何痕迹。这种润滑剂还得能够增加钻头前方和侧面的流体静压[1]，以帮助开口保持张开状态。如果可能的话，我们希望这种润滑剂经济实惠，并且现在就有大量存货。另外，这种润滑剂还得具备另一种特点，它得是环保的、能被生物降解的，这样使用后，无须再考虑清理问题。最好还能跟贫穷国家的经济挂钩，您知道，我们已经

---

[1]　在静止液体中隔离出部分水体来研究，则必有抵消周围对隔离体表面的作用力，才能使水体保持静止状态，即为流体静压。——译者注

有一点坏名声了，在某些国家我们的这种穿孔活动是被禁止的，被认为是破坏自然的不正当活动。我们不能失去所有的信誉，您懂的，对吗？"我当然懂，完全明白。

　　我取出清单，假装不紧不慢地翻到流变学那部分。流变学是物理学的一个分支，研究物质变形和流动。我以前经常参考这方面知识，以满足客户迥异的需求。比如，冰淇淋师傅想要制作硬度合适的冰淇淋，制药工厂想要生产能够抹在新生儿屁股上的可生物降解凝胶，面点师想要一种避免鞋底粘上麸质的黏滞混合物，喷墨打印机公司想要获得更好的颜色分配效果，酸奶制作商希望酸奶更加丝滑等。流变学知识帮我解决了一系列生态和生理需求上的难题，植物多糖特性是满足需求的关键。

　　借客户暂时收住话柄的功夫，我开始卖弄学识，并像往常那样先卖了个关子，"植物能够形成大量具有许多种功能的多糖[1]。这是一种由单糖分子构成的聚合物，除了可以像淀粉那样储存能量外，它还具有极佳的物理力学功能。比如，遇水后体积会大幅度增加，其易变性又赋予了植物多种多样的物理化学特点。两滴水和少许适当的多糖混合在一起，就能形成大量光滑的黏滞胶。为了让您更好地理解我要推荐给您的这一机制，我得先跟您讲讲植物是如何在坚

---

[1]　由于具有灵活的吸湿性，植物杂多糖常用于食品配料和其他技术应用中。此外它们的广泛应用也要归因于其生物学功效。

硬的土地中扎根的，比如那种富有黏土的干燥土地"。我边说边关上了他身后的门，防止他逃跑。

"如果种子落下的土地质地松软，或者由人类耕种过，那么植物在生长过程中就不存在扎根的困难。"我继续说道，"但在自然界中，一切都不同了。甩开对手，涉足别人不敢碰的领域，才能获得新的市场。以我们为例，就是要进入坚硬的土地。我相信您比我更了解这一点"。

为了能够深入像干燥黏土那样的坚硬土地，植物根部需要一套将磨损最小化的设备，并与一套充当杠杆的系统结合使用。另一项至关重要的能力，是保存维持生命机能和发芽所需的水分，尽可能从黏土甚至空气中吸取露水和湿气。深入土地时，植物根部会开辟不同的战线，大部分战线开辟工作都有一种黏胶物质的参与。首先，根部生长从根尖开始，植物根尖端会一直延伸，在土壤中探索潮湿之处。构成根冠的细胞十分脆弱，为了方便吸水，它们的细胞壁极薄，由一层光滑的材料包裹着。这层黏胶层（Mucigel）像帽子一样，包在根冠周围，保护它们在穿透土壤的过程中不受损害。

此外，这些细胞会迅速被其他细胞取代，根部会逐渐变粗。因为不仅细胞数量增加，细胞中的黏胶吸水后，体积也会逐渐变大。如此一来，根部一旦扎进土块的裂缝，即使土块再坚硬，植物根也会将其劈开为自己开路。

"您一定知道那些能粉碎沥青和水泥的植物吧？是的，这些能劈开石头的植物就是那样生长的。帽状黏滞层上的细胞和根冠两侧的细胞呈长条状，像一些小丝带，细胞壁富含黏液质多糖。根部生长过程中与土壤接触受到磨损，根部细胞于是分裂并吸收湿气，形成黏胶层。黏胶层起润滑作用，便于根部在土壤中推进。当然，根冠并不符合你们的要求，因为它们数量不够。但总可以找到包含类似黏胶、拥有相同功能且数量能够满足工业需要的植物器官。幸运的是，在成熟的根中也有具有上述相同特点的高黏度黏液，某些种子中更多。种子中的黏液不仅具有上述作用，还用来保护新的小植株。"

几乎从所有适应干旱环境的植物或种子中，都能提取能够解决钻头问题的有效物质，只是可选用的分子不同。因为存在多种出发糖[1]（Zuccheri di partenza），出发糖又有无数种组合。这些分子与黏胶层的分子类似，但也有不同之处。

尽管流变学领域的研究结果仍有待完善，但可以说出发糖之所以有润滑作用，是因为它们具有坚固结实的结构，其密集的聚合物链有利于与水分子结合，增强胶液的内聚力，从而达到在水系统[2]

---

[1] 一种多糖。——译者注

[2] 水具有黏滞性高和表面张力大的性质，这种性质在通过孔隙介质（比如沙）的渗透过程中有很大意义。——译者注

中几乎不可能实现的黏滞度。此外，出发糖来自可再生资源，价格低廉，无毒且能生物降解，所以十分受欢迎，即使是最吹毛求疵的顾客对其也无可挑剔[1]。

"琼脂（Agar）、角叉菜胶（Carragenani）、胶凝蛋白（Gellani）、黄原胶（Xantani）、藻酸盐（Alginati）、果胶（Pectine）和黏多糖（Mucopolisaccaridi）……无论是哪种多糖，只要我们具备专门技术，能够获取所需的具有润滑作用的增稠剂，就能找到生产相应多糖的植物。"我一边跟那家伙说着，一边翻着分类夹，想要找到相应的那页资料，"这些多糖是惰性的，不会与其所附的物体相互作用，不怕高温，穿孔时也不会损坏工具……"我对他眨了一下眼。既然我已经领会了，还是让他知道为好。

"但最重要的，我猜也是你们'穿孔工作'最感兴趣的一点"，我用手在空气中比画着引号说道，"是某些植物多糖对于热衷于塑性变形的人而言，简直是宝贝。因为即便是在极端环境下，植物多糖也能够增加乳胶的黏滞度"。例如，半乳甘露聚糖（Galattomannani）由甘露糖（Mannosio）和半乳糖（Galattosio）通过糖苷键 β-D-(1-4) 连接在一起形成，植物中的半乳甘露聚糖呈线性链状，具有半乳

---

[1] 由于这种多糖能够形成固态胶，且能以缓慢的方式释放吸收的水分，因此商业领域常用其生产缓释胶态水柱。外出度假时主人可用其浇灌盆栽植物。

糖1—6的短边分支，分子量超过250000道尔顿[1]。一旦沾水，它们就能形成介于固体和液体之间稳定黏合的三维结构。

"我给您演示一下它是如何运作的。"这个小颗粒就好比是瓜尔胶的半乳甘露聚糖——由少量甘露糖和少量半乳糖构成的聚合物。如同手拉手连在一起的剪纸小人，这些甘露糖和半乳糖紧密连接，最后构成一个由1000—1500个"小人"组成的大分子。一旦觉察到水的存在，大分子便会将其拦下。水分子间一系列氢键则如同焊接绳一般，对大分子具有束缚作用。这些氢键虽然没有很强的黏着力，但足以将分子固定，使其维持三维结构。跟1000个小人用绳索固定格列佛[2]时所达到的效果一样，这样半乳甘露聚糖与水结合形成的物质就具备了钻头所需的光滑性和黏滞性。

糖单元之间的连接键十分牢固，因此多糖不会在水中溶解。整个结构只会在水的作用下膨胀，将固体（多糖）和液体（水）变成另一样东西——胶。这是一种稳固的网状聚合物，难以压缩，但由于具有黏滞性和光滑性，易于塑性变形。

"待会儿我会跟您详细说，种子表面也会有这种反应，体现出

---

[1] 原子质量单位，以提出原子论的化学家和物理学家约翰·道尔顿（John Dalton）命名。——译者注

[2] 《格列佛游记》中的主角，误打误撞进入小人国，最初被一千个小人当作俘虏用绳索固定在沙滩上。——译者注

多糖明显的吸湿性。多糖能强力吸收水分，将种子子叶外部变成膨胀的凝胶状。但当这种反应出现在发芽种子的根部，这些分子的任务可就大大加重了。如果胶化的半乳甘露聚糖偶然挤进了土壤缝隙中，它们便会努力保持缝隙敞开，以便根部在土壤中推进，同时将磨损降到最低。"

我继续补充道："对于扎入干燥、坚硬、多石土壤中的根而言，多糖这种特性，能够很大程度上帮助它们达到同你们类似的目的。这是因为黏胶层有着黏滞性极强的多糖，且一些植物进入到坚硬土壤裂缝中时，根部吸湿后明显膨胀，从而打开黏土块，同时润滑自己嫩根经过的道路。"说到最后这句话的几个动词时，我不怀好意地将声音提高了八度。

他给我的回复颇具技术性，我没料到。但因为满脑子想着可以从他那捞到的报酬，我也没太在意。"您非常清楚，在我跟您描述的那种条件下，若要实现流体静压最大化，决定性变量是黏滞度，而黏滞度取决于不同因素。流体静压与容器的形状无关，与液体的数量也无关。"他进行着经验式的演说。

听得出他了解斯特藩定律[1]，也知道我们讨论的物质应当具有高

---

[1] 斯特藩定律，热力学中的著名定律，其内容为：一个黑体表面单位面积在单位时间内辐射出的总能量（称为物体的辐射度或能量通量密度）j* 与黑体本身的热力学温度 T（又称绝对温度）的四次方成正比。——译者注

触变性[1]，始终保持液态而不真正固化。他需要的材料是一种在水溶液中起初呈液态，但是能够迅速增稠，并始终保持高密度的材料。这跟我最初产生的，关于要在隐蔽处穿孔一事的想法并不一致，但是我没在意。顾客永远都是对的，我想什么不重要。

　　我逐渐意识到，我的解释过于冗长。我的客户更关注解决方案，对为什么不太感兴趣。于是，我挥舞着正确的那页资料卡片，跟他保证说价格、供应量和原产地都不是问题，我能为他提供一种合他心意的聚合物，在冷水热水中均可溶解，对 pH 值的耐受度较高，在中性值上下浮动均可。这种聚合物是可在瓜尔豆（Cyamopsis tetragonoloba）种子中提取到的瓜尔胶，那是跟大豆略为相似的一年生豆科植物，极为耐旱。

　　瓜尔胶的原材料在印度已有大量种植。当地人会将种子烘烤，然后剥掉外表皮露出胚乳和两片子叶，再将它们研磨成粉。瓜尔豆发芽时，甚至能够从大气中捕捉水分。与实验室已经开发的其他植物不同，它的半乳甘露聚糖从黏滞度和性价比来说是最好的。从环境可持续性角度来看，瓜尔豆不仅吸收功能强，还易于分解：作为豆科植物，它能够帮助固定过度耕种的土地中的氮；作为已注册的

---

[1]　触变性，一种可逆的溶胶现象，普遍存在于高分子悬浮液中，代表流体黏度对时间的依赖性。触变性是凝胶体在振荡、压迫等机械力的作用下发生的可逆的溶胶现象。——译者注

食品添加剂（E412），人们吃东西时即使成勺地吞咽也不会有大问题，顶多是有点肚子不舒服，出现轻度腹泻和附属肠道发酵。相反，有一次我甚至还因为发现了它的这一功效，而拿了双份年终奖金。当时正值功能性食品热潮，有位客户想为那些热衷于高科技食品的可怜人们制造一种低糖低胆固醇的、帮助减肥的健康饮料。

为了给客户演示，我取来几克瓜尔胶资料页上写到的面粉并将其湿润，面粉迅速形成胶状。我让客户用食指和大拇指检验胶的光滑度，他随即满意地点了头。我想他进行一些试验后，还会回来找我进行深入研究。告别时，他用油腻的手紧紧握住我的手，那正是当时我期待的效果。

但事实上我什么都没搞清楚，那位客户再也没出现过。几年之后，残酷的事实沉重地打击了我。那次我在为一家大型食品企业研究一种低热量全麦面包，采购部门否定了我关于从瓜尔豆中所提取的瓜尔胶的提案，因为原材料价格过于昂贵。我去找了瓜尔胶价格发展趋势的图表，然后发现了其中的秘密。我之前试图搞懂一切，其实什么也没懂。

不够绿色环保的增稠剂，需要进行润滑的非传统性穿孔活动，需要保持深层开口的裂缝等，这些跟堕落之人的污秽行为都没有关系。那位可疑的穿孔专家想要的润滑剂，其实要用在液压破碎法[1]（Fracking）中。液压破碎法利用高压用液体打穿岩层，从中提取天然气，挤榨土壤中资源，不顾土壤受破坏程度，不断推进化石燃料工业。瓜尔胶由于具有足以穿透岩石、增大裂缝的高黏滞性（就像富含半乳甘露聚糖的植物根能够劈开黏土块），因此有助于向地下注入水、沙子和其他固体材料，以在土壤深处劈开微型裂缝，直到表层无天然气可提取为止。液压破碎法涉及两种流体的使用，一种利用压力破碎地表深处的岩石，另一种用来防止裂缝闭合，以便于天然气的释放。瓜尔胶与水和沙子混合，正可以达到上述效果：增加流体黏滞度，使沙子在微型裂缝中开辟空间，而天然气被抽向地表时，沙子却能在瓜尔胶的作用下移动位置，免遭磨损。

由于我所提建议的过错，也由于进化的奇妙性，以及我那客户的奸猾，瓜尔豆成为用于液压破碎法的关键组成部分。瓜尔豆一投入使用，液压破碎开采者们的大规模订单刚一下，原材料价格就一夜间飙升。仅在 2012 年一年时间内就翻了十倍，达到每吨 1500 多美元的高价。2013 年，瓜尔豆在印度的种植面积增加了 20%。所有气候干旱地区，都开始有农民计划耕种瓜尔豆。这个名字难念的豆科植物，最初只出现在化妆品标签上或者食品添加剂中，只为技

---

[1]　一种备受争议的开采方式。——译者注

术人员所知，而如今几乎整个美国都在进口这种植物。跟所有贪婪于快钱生意而引起的经济后果一样，瓜尔豆的价格后来出现猛跌，我的创新型全麦面包又有了一线生机。但与此同时，在我的建议下，有的人已经大赚了一笔。

很显然，当初我应该再机智一些。不过由此也看出，我的植物"欧罗诺瓦清单"给我提供的，并不只是些有待进一步开发潜力的怪诞想法。

第七章

树　屋

我双手插兜驻足草坪，仔细观察着眼前这座巨大的温室。它那白色弯曲的铁制框架，支撑着宽大的透明玻璃嵌板。室外空气冰冷刺骨，而温室内的热带植物却茁壮生长。这些植物或轻松或艰难地适应着英国的气候。在我周围，成群的游客像飞舞在杜鹃花公园和岩石公园中的蜜蜂，徘徊在布满异域植物的温室。

伫立在伦敦邱园的棕榈室前[1]，我和我的新行李箱成为仅有的驻足在原地的观察者。这一次，我不再探寻植物，而是改为探究约2个世纪前人类模仿植物取得的成果。按照常规，我本该去参观西德纳姆（Sydenham）的水晶宫。那是一座长度超过五百多米的巨大温室，由约瑟夫·帕克斯顿（Joseph Paxton）于1850年设计建造，用作第一次世界博览会展览馆。但1936年水晶宫遭到彻底毁坏[2]，如今人们已无法瞻仰其宏伟面貌。因此，我不得不退而求其次，转而参观另一座温室。这座温室按照同水晶宫一样的负荷分配原理建造，大量使用扭力和变形能力较弱的玻璃。温室建于维多利亚时代鼎盛时期，英国人从位于热带的殖民地引进了大量自然发现，他们为这些异域植物及其奇异外表所着迷。

---

[1] 邱园（Kew Gardens），官方名称为"邱的皇家植物园"（Royal Botanic Gardens, Kew）。棕榈室（Palm House），全球最著名的温室之一，是邱园里最具标志性的建筑，是世界上幸存的最重要的维多利亚时代玻璃钢结构的建筑。——译者注
[2] 1936年水晶宫曾遭遇遇巨大火灾。——译者注

兰科植物、食虫植物和睡莲在当时的流行程度堪比当今社会的智能手机。帕克斯顿先生本是一名园林工人，后来成为德文郡公爵的管家，继而又成为他的园林主管。通过植物学实验，他成功使香蕉树、睡莲和其他热带品种植物在英国开花，这令公爵大为满意，也满足了他的虚荣心。为了忠于他的朋友，帕克斯顿甚至拒绝了温莎和邱园的主管位置。我最近的一些研究工作正是在邱园中展开的。有胆识的帕克斯顿曾担任温室的主管，其中种有来自遥远地域的各种花朵。这座温室不仅体现了人类在技术上对于自然的优越性，也代表了当时工程技术的巅峰。

帕克斯顿对亚马逊王莲（Victoria amazonica）的力学结构格外着迷，这是一种有着巨大圆形浮叶的大型睡莲科植物，叶子扁平，直径可达 2 米。通常，亚马逊王莲的叶子呈最大限度的平展状，使表面积和体积比最大化，以保证阳光照射均匀。同得到充分浇灌的罗勒叶一样，当亚马逊王莲的叶子处于湿润状态时，其细胞会膨胀成小皮球状，形成一种拉伸结构。大多数情况下，环境条件都有利于加固莲叶的脉序，避免较柔软的部分产生皱褶或变形。从建筑角度来说，叶片是一层较为脆弱的膜，由一层秆状物构成的网支撑；秆的排列符合特定的几何原理，能够承受一定的普通应力。若没有这些支撑秆的存在，叶片便会瘫软。大型睡莲的叶子适宜水生生活，其叶片内具有专门的气舱，因此叶子可以漂浮在水上。而叶片背面则有明显突出的坚实脉序。

引起帕克斯顿注意的，正是脉序辐射状的结构。他认为，脉序的这种结构不止为了便于运输树液，同时还能均匀分配巨大叶子所承受的重量，避免动物、水或者碎石落在叶片上时，叶子萎陷、变形和沉没。从自然角度看，这种结构能够使光合作用最大化。然而，帕克斯顿感兴趣的是其建筑学功能。

为了证实他的猜想，帕克斯顿通过测量发现，一片亚马逊王莲的叶子能够承受 50 千克的重量而不变形。如果利用具有同样几何形状的木格架对脉序网进行加固，其承重能力会增至三倍。为了解决遇到的实际问题，帕克斯顿仔细观察了王莲叶子，并意识到其结实的辐射状脉序功能如同悬臂式门楣，横向较为纤细的连接像法兰盘 [1] 一样将脉序衔接起来，保证叶子最脆弱的部位不会受到扭力和张力的破坏，同时避免叶子因重力而萎陷或破碎。这一问题与困扰帕克斯顿的问题是一样的：在大型温室中，为了让更多的光线照射进来，并种植更多更大的植物，他需要权衡玻璃隔板的宽大尺寸及其结构的脆弱性。

据说，帕克斯顿仅用了 8 天时间就完成了水晶宫的设计。他从亚马逊王莲赋予的灵感出发，将结构荷载分成多个较小的单元，由

---

[1] 法兰盘又称"法兰"，使管子与管子相互连接的零件，在机械上应用十分广泛。——译者注

钢铁架支撑。这些钢铁架相互连接，结构与亚马逊王莲的脉序类似。当时正值工业革命，钢铁需求因此得到保障。正是基于这样的条件，格外受德文郡公爵青睐的帕克斯顿才能够进行现代仿生学的基础实践。在仿生学中，对自然现象的观察、抽象化以及实际应用都受到两种因素的严重制约，即将灵感付诸实际的人类智慧，以及复制自然结构所需材料的供应。曾经做过园丁的帕克斯顿成功地在自然界中获得启示，并公开声称大自然代替他扮演了工程师的角色，而他只是借用了大自然的理念，并将其应用在建筑设计上。我站在棕榈室外观察着这座建筑，并想象着水晶宫的样子。真是讽刺，水晶宫的建立本是为了颂扬人类相较于自然的优越性，而它的设计和完成到头来其实都源于一株植物所赋予的灵感。我可以证实，经过近两个世纪，人类理解植物、从中获取灵感并付诸应用的能力发生了很大的改变。这是因为如今的研究方式比 19 世纪更为先进，并且今天的材料远比钢铁架耐用得多。如果以具有植物造型的建筑为基础，并且使用碳纤维或者复合材料，谁知道帕克斯顿又会设计出怎样的作品呢。我的委托人，一位著名建筑师，正是秉着对现代技术的反思找到我。也正因此，我才来到伦敦的邱园。

我所说的这位知名建筑师希望能够通过模仿植物，革新超轻建筑设计。他是典型的自我膨胀者，理所当然地将自然选择的结果为己所用，站在技术和生物领域巨人的肩膀上展开自己的活动。他时不时地使用"离心设计""标志性突起"或者"正式完工之地"等表述，还常引用弗莱·奥托（Frei Otto）。弗莱·奥托是一位善用拉伸结构的天才建筑师，我的委托人正是从他身上学到，生物学研究不仅有助于设计优雅建筑结构，还为省材建筑结构和环境友好型建筑结构提供了启示。

"轻巧建筑物的形态很少是随机而定的，它们通常都是根据简化建筑的总体原则，不断发展和改善的结果。我们称这种原则为Leichtbau[1]，即'轻巧建筑原则'。我认为这一原则跟植物的差不多，至少在成果上是类似的：更高效，耗材更少。Less is more。[2]"他终于谦逊地向该领域百万年来的领头人学习，并意识到不该再用扶壁和硬支架等结构跟自然作对，也无须再被迫使用立方体、方形等不符合生物进化系统的人造结构，而是应该顺应自然，从自然界中寻求帮助和解决方案。

"张力、轻巧、弹性、空间优化、复合材料，这些都是您的关键词，您将成为我的约瑟夫·帕克斯顿。"为了摆脱他的傲慢自大，我带着行李箱来到伦敦，希望能仅在一个地方找到所有满足他需求的东西。

---

[1]　德语，轻巧的。——译者注

[2]　Less is more，由著名德国建筑师路德维希·密斯·凡德罗（Ludwig Mies Van der Rohe）提出，提倡简单、反对过度装饰的设计理念。——译者注

屈而不折

有这样一个关键词，或者说一个连接点，使自然学和建筑学的轨迹出现短暂相交，那便是 Bauplan。在建筑领域中，该词指建筑施工计划和建筑图纸；而在生物学中，它描述的则是结构示意图和某一类特定动物共有的内部组织。这两种概念来自不同领域，实际应用也截然不同。比如，只要具有属性合适的材料，第一种概念可以由风格练习，转变为一部具体的作品。然而，尽管建筑师可以使用完全不同的原材料，生物却不得不周而复始地生产和塑造相同的小砖块。例如，植物的这些小砖块是杂多糖、纤维素和木质素。另外，动物的结构呈现的则是"随机工程"的临时成果。所谓"随机工程"，是生物与环境相互影响的随机结果。通过研究分析动物的结构，建筑师可以从中获得设计灵感。

尽管帕克斯顿观察的不是动物，而是一株植物，他还是成功解读了亚马逊王莲这种睡莲科植物的组织结构，并在众多的元素中选取了一个，应用在了水晶宫的建筑项目中。他利用当时已有的材料，设计了其他建筑师和发明家已经完成的部分。例如，根据树枝弧形设计出拱门，利用树干和树枝理念设计出带拱弯的柱子，根据树叶设计出屋顶瓦片，根基部分则从树根中获得灵感。然而，面对无从下手的墙壁，谁知他究竟踌躇了多久。

列奥纳多·达·芬奇曾探究过功能、结构和生物力学之间的关系，他通过细致研究槭树有翼瓣果实的形态和功能关系，提出了最早关于飞行结构的假说[1]。乔治·凯莱先生（George Cayley）也曾在该领域做出过贡献，他于 1829 年设计出最早的降落伞雏形。这一设计综合了达·芬奇的设计方案与西洋蒲公英（Tarassaco）和黄花婆罗门参（Tragopogon orientalis）冠毛的生物学功能，遇到风和气流不会翻倒。然而，两人都没有足够条件将他们的假设转变为具体的实物。

厌倦了反复解决同样问题的园丁约瑟夫·莫尼尔（Joseph Monier）则更幸运一些。据说，他通过观察花园里枯萎了的梨果仙人掌叶片的纤维网，发现植物中的纤维能保证其不受张力和扭力的破坏，并能保护更内层、耐压能力更强的组织。他模仿该植物的这两种成分组合，将金属网和水泥结合，并于 1867 年取得了专利。正是他对于仙人掌的细致观察，促成了钢筋混凝土的诞生[2]。

伽利略曾以禾本科植物的空心秆为例解释道，当材料集中在某一结构的外圈时，该结构的抗扭力能力和弯曲能力比实心的圆柱体

---

[1] 美国梧桐吊扇（Sycamore Ceiling Fan）的设计灵感来源于梧桐的翅果，梧桐翅果的流线形运动能够促进空气流动，同时保证能量消耗最小化。

[2] 专利在法国取得：约瑟夫·莫尼尔（Joseph Monier），适用于园艺的新型箱式和便携式罐体钢铁水泥混合系统，法国专利号：77165, 1867。

更强。彼时伽利略其实已经在讲授最早的仿生学课程了。"抱歉我插一句，的确是这样的。"说话的是棕榈室前池塘中一种叫作沼泽香蒲（Typha palustris）的植物。"如果我们用风和机械应力进行实验，就会发现伽利略说的是对的。对于一些大的工程问题，人们通过我们单子叶植物，找到了极好的解决方案。"

正如它的名字所示，沼泽香蒲大量生长于河岸和集水盆地中，尤其是面临强风挑战的地方。它的空心秆高达 2 米，秆的顶端生出极大的穗状花序，令植物看起来貌似穿有香肠的标枪。即使遇到狂风，也不会因弯曲而折断。为了平衡风带来的弯曲应力[1]，植物需要具备额外的柔韧结构，以分担多余能量。沼泽香蒲的叶子和茎秆均有一层纤维网，呈现出精准的几何形状。茎秆空心，纤维密度由外向内逐渐减小，受力部位集中在靠近外皮的位置。

接着，沼泽香蒲表现出它善于总结的特点。"植物力学第一课：自然系统可将同样材料所构成的不同几何形状组合在一起。鉴于我们无法生产差别较大的原材料，所以我们在异质结构上做工作，比如制造一定的梯度（Gradiente）。"在显微镜下可以看到，香蒲茎秆细胞较长，且在纵向上具有较大弹性；细胞壁具有丰富的纤维素，因此被硬化，使外层更加坚韧。它的叶子如同透气织物，细胞间布

---

[1] 弯曲应力，材料力学概念，使物体弯曲或存在弯曲趋势。——译者注

满空隙，各细胞由一层纤维支架连接。这层纤维同样长而坚硬，叫做厚壁组织。细胞间的空隙完善了植物的构造，让植株能以最少的消耗快速长高。厚壁组织构成一层均匀分布的网，风带来的强力会沿这层网均匀分散，避免过多能量集中在某一点造成植物断裂。连接组织（Cablatura）则系在细胞呈星状排布构成的一种隔膜结构上，其多糖混合体的几何排列和属性使植物茎秆坚韧而富有弹性。

　　"植物力学第二课：对各向异性[1]的充分利用。细胞和细胞壁会因所受应力的方向不同，而做出不同反应。它们仅能承受适度的纵向压力，却可以承受来自侧向的强大扭力。这是一种应用十分广泛的建筑学特性，可根据需求将功效最大化。"在香蒲科植物身上，各向异性与几何学组合，最大化地增强了它的韧性和抵抗压力的弹力，使叶子和茎秆始终保持直立，而不会因自身重量弯折。

　　这些元素组合在一起，构成了能够自我固定平衡的张拉整体式结构。我想，这种结构不仅我的委托人会喜欢，推崇超轻建筑的弗莱·奥托一定也会喜欢。因为这种结构将巨大的、几乎难以承受的压力分为了无数个小的单元，由多个部位共同承受。如此一来，当香蒲高挺的茎秆和长至 3 米的叶子面对强风冲击时，也能承受住巨大的压力。风能会被网格结构分散，使叶子通过摆动保持直立，不

---

[1]　各向异性，指物质的全部或部分化学、物理等性质随着方向的改变而有所变化，在不同的方向上呈现出差异的性质，是材料和介质中常见的性质。——译者注

致断裂。香蒲秆和叶子对应力的这种适应和应对方式，与日本摩天大楼面对强烈地震时如出一辙。

　　"或者相反，那些抗震建筑设计师其实是从自然进化中获取了灵感。你们人类总认为自己在任何方面都一马当先，其实在很多方面，是我们植物遥遥领先。植物力学第三课：我们的结构是有层次的。不管是小结构还是大结构，都在为实现上述效果发挥作用。为构建自承重结构，细胞中也具有微型的茎秆弹性结构。也就是说，无论从细胞壁的微观角度看，还是从茎秆的宏观角度看，结构组织都是相同的。比方说，您仔细观察过您身后行李箱的外壳结构吗？"事实上，我购买行李箱时，售货员的确曾大力夸赞过这款新型行李箱，称它由一种革新性复合材料制成，不仅可弯曲，韧性也极强，受到强力挤压而变形时，不会遭到损坏。这种复合材料虽是编织而成，但不同于纱线。它由平行纤维交叉构成，弹性好，不僵硬。听到这一连串新技术，我没禁住诱惑，于是买了这款新行李箱。就在此时，售货员那番话唤醒了我的一些深层记忆。

　　"我来告诉您吧，售货员说的那种变形后可恢复原状的材料，跟植物细胞壁的原理其实是一样的。植物的细胞壁如同动物的外骨骼一样，拥有与上述材料同样的特性，这是自然进化的结果。"但与动物细胞不同，植物细胞多一层保护层，使细胞不仅可以承受应力，还能保护它们吸水过多时不会涨破，过于干瘪时也不致变形。

这个保护层如同一个盒状容器，保护细胞免受撞击破坏，且遇到任何应力后都能够恢复原状，复合材料亦是如此。"每一个细胞壁都具有这样的功能，茎秆和叶子部位的结构也是。"沼泽香蒲得意地总结道。

纤维的力学功能由多种因素决定，比如纤维种类、受力的位置及纤维在综合结构中的连接方式等。复合材料由结实的长纤维构成，这些纤维分散均匀，增强了材料的坚固性。由碳纤维或者玻璃纤维制成的物体就是如此，它们与植物细胞壁的功用相同。植物细胞壁中，挂在聚合物上的纤维素的微型纤维相互平行或交叉，浸于果胶质和其他多糖中。

纤维相对于荷载方向的位置，决定了细胞壁的力学属性。若纤维呈平行状，则会在同一方向加固整个细胞；若纤维呈弯曲状或扭曲状，并行排列的纤维则会横向伸展，其弹性可防止细胞壁破裂，保证细胞形状不遭到损坏。一旦应力消失，细胞则可恢复原状。售货员向我推销的行李箱，也具备细胞壁的这种性能。不知新一代行李箱的设计师是否正是从植物生物学中获得了灵感，但有趣的是，无论是无意还是刻意地，无论在结构还是功能方面，自然进化与人类最终都取得了同样的成果。

当我呆滞地盯着行李箱的时候，脑海中香蒲的形象很快被木贼（Equisetum hyemale）取代，它进一步扩展上述理念，"你们人类总喜欢使用单调、坚硬、多棱角的材料，并常采用反自然的方案。也许这样的方式能够帮助你们确立在世界中的地位，彰显你们与其他生物的不同。然而在你们竖立高墙、浪费材料的地方，我们却能顺应环境和外界压力，利用物理法则减少消耗，而不是与其对抗，这是植物力学的第四课"。

紧接着它又对我讲解道，自然构造会在需要的地方加固，在不需浪费材料的地方追求轻巧，"茎秆要承受簇叶、花朵或果实的重量，除了需要具备柔韧性，它们还得能够迅速减缓摆动，并短时间内恢复原状"。对那些纤维积聚在茎秆外周的品种来说，纤维能够帮助减弱摆动和颤动，性能优于人类用来制造复合材料的纤维，因此可以用于超轻材料。

"我的空心秆与您到目前为止见过的那些不同，它可以为超轻建筑设计师提供借鉴。由较柔软组织中的厚壁组织构成的复合材料只有一圈环形结构，而我有两圈，一圈在外，一圈在里，外面一圈较为坚硬。两层环形结构间由工形组织相连接，当茎秆受到静态和动态荷载时，这种结构能够进一步增强其弹性，不仅不会增加茎秆重量，且茎秆无需更多'建材'。相比其他没有双层环秆的类似品种，我的茎秆所能承受的侧面动态荷载要比它们高出四十倍。"由于要遵从相同的物理法则，植物和人类可以说构建出了相同的，或十分相似的结构，尽管构建的时间不同。木贼是一种古老的植物，而人类制造的工形结构直到 19 世纪才出现。

若要总结我的第一部分调查，这任务不得不交给帕克斯顿设计的温室中的两种棕榈树，"我们没有大树那样的木质树干，要想长到 20 多米的高度，层次性和组织性是至关重要的"。Iriartea deldoidea 和大丝葵（Washingtonia robusta）的树干融合了布局、梯度和组织等原则，囊括了所有生长所需的元素：各向异性、组织性、层次性和梯度。因为需要承担树叶的巨大重量，所以这两类植物的树干不是空心的，也不能是空心的。尽管如此，由于其纤维密度从外向内逐渐递减，它们同样具有弹性和韧性。普通树木的树干通常为实心圆柱体，柔韧性较差，而 Iriartea deldoidea 和大丝葵树干外周的密度是中心密度的二十倍。它们纤维细胞纤长，细胞壁由平行排列的纤维素构成。如同纤维素浸于其他多糖中那样，这些细胞也位于多孔组织中。如此一来，整株植物就成了由复合材料构成的复合材料。

数学模型与从棕榈树及其细胞中获得灵感的复合材料结合，将建筑学从温室内部设计，扩展到超弹性材料设计。这种材料甚至可以用来设计能顺应湍急气流的机翼，我的知名建筑师委托人知道这些一定会很高兴。[1]

---

[1] 近些年来，NASA 一直在试验一种用于机翼的襟翼系统，这种系统被称为 FlexFoil™，由 Flexsys 生产制造。该系统能够将机翼表面与自动适应升力条件的襟翼无缝结合。该项目所应用的一些自然启示中，包括关于一些植物负荷分配结构的灵感。

折纸术课程

由于装了太多毛衣和衬衫，我的行李箱又盖不上了，这让我想到另一个主意。离开棕榈室，我向后面的树木园走去，想着大自然能否为物品打包也提供一些有效建议。鹅耳枥（Carpino）、山毛榉（Faggio）和美洲金缕梅（Amamelide）一齐回答说："您应当已经注意到了，许多植物的叶片从嫩芽部分起，就开始呈弯曲或卷曲状。这种形状允许它们能够短时间内迅速展开。条件适宜时，叶片可以像折叠帐篷那样，毫不费力地瞬间展开。这是因为叶片的脉序及其角度安排得当。深入研究植物折叠术也许会对您有所帮助。"

植物的叶片和花瓣会根据其最终成形的形状，以不同方式被包裹在新芽中。但它们会遵守同一个准则，即折叠后，它们要完全占满整个新芽的空间，不留空隙。有些植物由于叶片极薄，即使以毫无条理的方式缠绕在一起，也能够填满整个空间。罂粟的花瓣即是如此，它们看起来就如同我行李箱里皱巴的衣服。而其他植物则没有在进化中获得这一优势，它们的叶片表面较硬，但这些叶片仍会以优雅的方式折叠。表面的脉序及其排列方式使叶片既便于折叠，又易于迅速展开。

1980 年，天体物理学家三浦公亮（Koryo Miura）出于对折纸术的爱好，发明了一种被称作"三浦折叠"的"新模型"。根据这种折叠法，一层平面通过折叠会被分为相同的平行四边形，四边形与中心轴的角度约为6—10度。完成第一步折叠后，平面还可以第二次折叠，如此便可节省大量空间。然而三浦折叠真正巧妙的地方，其实在于只需用两根手指轻轻拉扯被折叠纸张的两个对角，便可轻松将其完全展开，这对于打开地图和展开帐篷或船帆来说十分实用。

　　"很好，您讲到新模型时使用了双引号，这一点我们非常满意。可以告诉您，我们的叶片在很久之前就已经应用了三浦公亮的这种折叠法。要为他点赞，但也应当为我们记一功。如果你们仔细观察过我们的话，我们早就把这种技术传授给你们了。得益于叶片的这种折叠术，我们的新芽才能够在包纳完全成熟叶片的情况下，仍然占据极小的空间，并且能在消耗极少动能的条件下瞬间展开。由于脉序的存在，这种折叠甚至是有弹性的，叶片能够自动展开，根本无需手指的帮忙。"

　　比如，鹅耳枥和美洲金缕梅的叶片如同百褶裙，表面拥有褶皱，两侧的二级纹理与中心轴主要脉序呈30—50度夹角。角度越大，折叠越紧密，在新芽中占据的空间也就越小；相反，角度越小，在最初展开阶段叶片能够伸展的表面就越大。

我想要把叶片的这种模型推荐给我的建筑师委托人，鹅耳枥的平行四边形，或法国梧桐和槭树的扇形，都能为他完善数学模型提供参考。他不仅可以利用这些植物提供的灵感改善衣服和布料的打包方式，还能借此设计出用以打包船帆、帘幔、宇宙飞船的太阳板以及天线的有效折叠方式。

弗莱·奥托的拉伸结构和树木折叠法促使我走向植物园的另一条小径，开展关于可移动组合折叠结构的研究。正当我闲逛寻找灵感时，一种叫做鹤望兰（Strelitzia reginae）的植物站了出来。这是一种南美植物，由于外表美丽被带到邱园。它外形貌似鸟类，也被称为天堂鸟。鹤望兰的花冠上，一些大片的花瓣纵向排列，构成了引人注目的鸡冠形状，而横向生长的绿色叶鞘形似鸟喙，使整个花朵看起来如同鹭头。鸡冠和叶鞘之间斜向生长着另一个惹眼的紫色长形结构，这一结构中包含着花朵的生殖器官，并且拥有独特的动态机制。"除了名字外，鸟类还在其他方面为我们提供了帮助。作为鸟类授粉植物，我们花粉的传播是由一些织布鸟完成的。"鹤望兰讲解道。"天气过热时，我要防止花蜜蒸发。另外，我还要保护花粉不被其他不相关的昆虫或鸟类掠夺。"

为了避免花朵的这些缺点带来麻烦，鹤望兰进化出了一种动态折叠机制，只有织布鸟能将其花朵打开。如此既能避免糖分流失，又能保护生殖结构。我们上述的紫色结构膜内包裹着花药、柱头和蜜腺，并有两片结实的被片作为降落平台，平台承重能力严格参考织布鸟体重。当织布鸟落在平台某一特定位置时，其重量会使平台发生弯曲，紫色膜也会因此变形，响应"芝麻开门"的咒语，进而允许鸟类探入膜内结构，撷取花粉。只有平台承受的重量为织布鸟的重量时，上述结构才会打开。如果重量较轻，大门则会保持紧闭状态；如果重量较大，整个结构会呈弯曲状，使降落的盗取花粉者失去平衡。

　　这一结构是为织布鸟量身定制的，它具有动态性，还富有弹性。当织布鸟离开时，它会自动闭合，重新恢复到初始状态。"我很自豪我的紫色膜片能在不耗费任何效能的前提下，张开闭合多达三千次。我知道这样说不太礼貌，但这种能力对于一个仅由叶片、花瓣、水和细胞构成的结构来说，是十分难得又令人羡慕的。"通过工程学上的"可控扭折"（Cedimento torsionale controllato），鹤望兰能够将闭合的卵形物变形为双曲抛物面，反之亦然。这是一种无须保养、润滑或者新材料的轻型结构。

　　鹤望兰向我介绍说，在两片紫色瓣片组成的结构两侧，有三条用以加固的侧翼脉序，脉序之间由一片薄而柔韧的叶片连接，形成拉伸结构。叶鞘下部有一些相互连接的脉序，它们同上部的中脉共同支撑着裹有花药和蜜腺的凹形叶片。织布鸟降落带来的能量沿侧翼脉序传导，使叶片翻转变形，叶片的张力同时又会反作用于这些类似弹簧轴的坚固脉序。此外，所有这些组成部分都相互连接。当织布鸟离开后，叶片变形时储存下来的弹性势能可以助其恢复原状。

"根据脉序和叶鞘的原理，使用塑料板或者多层碳纤维，可以仿造出上述模型，进而设计出耗费极少能量即可开闭自如的拉伸结构。"我暗自思索着。凭借与植物的默契，我开始以建筑师的眼光，在植物园中寻找拉伸结构和气动方案。[1]木本曼陀罗（Dature arboree）和普通旋花属植物（Convolvolo）花冠上的花瓣夜晚伸展，白天则呈螺旋形折叠起来。它们的这种特性与雨伞、遮阳篷的设计原理相同，为可卷曲、可打包又易于充气的便携式拉伸结构提供了设计灵感。岩石温室里的冰叶日中花（Mesembryanthemum crystallinum）的囊状细胞，呈现了超轻又承重的拉伸结构气动机制原型。这种巧妙的结构只在张力点进行加固，为桥梁、屋顶、机翼等结构的设计提供了范本，弗莱·奥托大概只在梦中才见过这些吧。

在返程的飞机上，我归整了这几天的想法和笔记。飞机上没有植物，所以没有人打断我的思路。我们能够从植物身上学到的，绝不仅仅只是对自然结构的完全复制，并毫无创新地将其照搬在建筑技术上。我们应当深入了解鹤望兰的生物机制，进行反思，从中获

---

[1] Flectofin® 就是鹤望兰结构的一项仿生学应用。这种结构还可用于 3D 打印机的遮光系统，或者其他没有连接点但具备灵活性的物品。

取灵感，予以改良并投入应用。不只在建筑领域，在其他领域也是如此。

从飞机舷窗向外望去，我想象着几十年以前，若有乘客登上今天的喷气式飞机，看到机翼如同香蒲秆那样顺应着物理应力折叠移动，大概是会害怕的。事实上，飞机的材料和形状都多少有意识地模仿了植物的构造。

如今的技术已经允许我们利用塑料和碳纤维材料建造无接头的加固膜，比帕克斯顿、伽利略和达·芬奇更好地实现植物结构的柔韧性、各向异性，尤其是组织性。同时，我打算推荐给委托人几种方案，这些方案没有一种能用植物材料建成，都需要有人类的参与，制成可用来模仿植物的材料。所以说，学习不是为了复制，而是为了从坚实的基础出发，进行再设计。

向植物学习并不意味着要抢掠阿里巴巴的山洞，这大概是我在邱园学到的另一件事。几千年来，植物始终在形态与构造之间寻求平衡。我们所谓的"优雅""讲究""曲折"，于它们而言其实仅用一个词便可概括：实用。每一个植物的形态结构，其实不过是它们为了实现某一特定目的、适应某一特定地点或某些特定条件而形成的实用结构。植物的构造既综合了实用性和针对性，也融合了时间和环境条件。我们要向植物学习的，正是它们这种对实用性的推崇。

第八章

永葆青春的植物

66 你买了这些新的器材，打算用它们做什么？"我在一位大学旧友的实验室里溜达着，周围摆了一排最新一代的仪器。我的这位朋友如今在一家重要的制药公司担任研究发展实验室的负责人，他笑着回答说："我们碰三次面，来探讨它们的最佳用途，这便是我要做的事。但有一个条件，你采访植物的时候我希望能在场，这样如果涉及我不感兴趣的话题，可以立刻跟你说。其实我已经有一些确切的想法了。"就这样，谈笑握手间，植物创新研究所接到委托，要利用植物在医药领域进行革新。作为一个向来十分靠谱的人，安德烈已经安排好了一切：第一次碰面时，他会教我一些实践知识，向我说明为什么说制药领域已经成功向植物学习了创新，而另外两次会面中，我们则要一起去探索。

经过检验的策略

"首先，我们要讲明一件事，向植物学习并不是一件新鲜事，这对制药领域和化学领域的许多方面都至关重要。"安德烈开始了他的讲述，"也就是说，在你与植物之间具有心灵感应的几个世纪以前，人类就已经展开仿生学应用了，只是当时并没有赋予它一个确切的名字。从古时候的外科医生到药物学家，人类已经根据你所了解的一系列知识，通过模仿植物，取得了一系列成果。我们要研究植物是通过什么机制适应自然的，并从中提取灵感，应用到实验室的分子实验中，找到毒性更弱、效果更好、更符合人类需求的配方。当然，如今的技术已经使我们的研究和实验越来越精细，但假如没有大自然的提示，如今恐怕我们连阿司匹林和抗生素都没有"。

接着他又跟我讲解道，研究和模仿自然界中的分子，既直接又间接地保证了人类的健康长寿。正如我从之前的经历中学到的，要想将大自然的启示与我们的确切需求相结合，人类的参与至关重要。通过安德烈的讲解，我清楚地了解到，在自然进化的推动下，植物构建了一个强大的化学实验室，生产大量不同的、用以适应环境或顺应自然选择的分子。几千年的时间里，为顺应自然进化，成千上万种植物合成了成千上万的化学物质。碳、氧、氢、氮、硫和其他元素的几千种排列组合中，只有那些能够适应生物系统的组合，才在自然选择的过程中保存了下来。

"人类还会根据自身需要，利用已经精炼过的代谢物，在自然界中制造他们需要的物质"，化学家安德烈说道，"泻药成分，令蛋白质失去活性或改变心率的物质，甚至是微量的致命生物碱，植物生产的这些物质对哺乳动物同样有效，因此这些物质也适用于人类生理学。为了能够与动物（比如人类）相互影响，植物还进化出一种作用于嗅觉的物质。正是利用这种物质，我那些制造香料的朋友生产出了香味强烈且持久的香料。除了发明新的产品，我们医药工作者还常常从自然界的宝库中，采集未经加工或者只进行过基本处理的原料，然后按照我们的需求，配以最好的主料，使其为我们所用。总之，你的工作在我这一领域并不新鲜"。

由于这次终于可以向一位人类对话者提问，于是我打断他问道："可是，不过，嗯……请允许我持相反观点。你讲的这些我已经听过上千遍了，你还是跟我说说，你们投建制药器材室到底有什么实际意义？在你们这个实验室里，仿生学究竟有什么实际重要性？我需要数据，用数据跟我说明情况！"

我得到的回答十分精确，能够清楚地解答我的疑惑。"我们以美国近三十年出现的新药物的官方记录为例，最值得注意的第一点是，每年出现的新药物只有几十种，比我们平时跟朋友们讨论时想象的数量少得多。第二点，所有药物中至少一半都跟大自然联系紧密。第三点，纯粹由人类发明出的药物与受自然启发研制出的药物，比例始终较为稳定。也就是说，仿生学在医药领域的应用既不是最新潮流，也不是历史。如果我们把范围扩大到全球，将生物技术制药和传统药物都定义为源于自然的药物，那么具有部分生物原有化学结构的药物则会超过50%。在世界卫生组织列出的重要药物中，只有11%的药物有效成分与植物或微生物中的完全一致，其余药物都是人类从自然中得到启发，并对其进行改良的结果。当然，我说的只是有效成分，赋形剂、防腐剂等没有算在内。事实上，我现在对后面这几种成分更感兴趣。因为如果把它们也算进去，人造药物的百分比会更高。"

自然启发，人工改进

然而在某些制药领域，自然提供的灵感是有限的。比如，近几十年间出现的利尿剂、抗组织胺药和安眠药等，几乎完全是人类研制的成果。人们往往通过观察自然界中一些生物的表现，发现模仿的对象。近年来在世界范围内畅销的阿托伐他汀（Atorvastatina），就是人类效仿自然构造创造出的一种药物。如果之前没有研究蘑菇和霉菌之间的生存斗争，发现他汀类药物，我们也就无法制造出如今市场上效用（和效益）更佳的阿托伐他汀。前者能够抑制蘑菇细胞壁中生产麦角固醇的酶，后者则模仿前者的功效，帮助人类降低胆固醇。

所有这些让我不禁想起前面讨论过的建筑学和新材料设计的案例，可以说技术和先进的工具，对仿生学这列于几个世纪以前就开始运行的火车起到了加速作用。"毫无疑问，我涉足的这一领域非常有竞争优势，我们需要目的明确地进行选择。当前的经济形势正在强制性改变研究模式，要求其适应经济需求，甚至顺应时尚潮流。我的上司需要尽快得到投资回馈，他要求公司的研究得拥有获得专利的巨大潜力。"

安德烈认为，在化学合成和设计目标化合物的过程中，已知化学结构为人类对于自然的探索设置了一系列限制（就像为了找到正确密码，在电脑上尝试所有可能的组合，或者根据锁的模子制造钥匙）。寻找和认识新事物比加工已知事物花费要高，但这两种方式并不必然矛盾（你比我更清楚，差异即优势，在研究方法上也是如此，这是大自然教给我们的最重要的东西。没有好好权衡成本和收益就停止探索，才是搬起石头砸自己的脚）。

迹象表明，尽管成本更高，但自然研究可以保证更高的长期收益。由于我坚持索要数据，我的朋友举了一个例子。通过研究和模仿植物与微生物生产的代谢物——聚酮化合物，有 0.3% 的概率能够找到可投入商用的有效成分，而通过研究已知化合物样本的方法，找到可投入商用有效成分的概率则只有 0.001%（不同的选择取决于不同的商业考虑和投资回报所需时间，有时还取决于领导者所受的教育）。鉴于目前世界上深入研究的只涉及 1% 的微生物群和 20% 的植物群（其中热带植物只涉及 1%），我们也就能够理解，为什么即便从功利角度看，向植物学习创新对于制药领域也极为有利。当然，前提是必须遵守一定的规则，且不将这种做法视为唯一的解决方案。

"很好。你应当已经明白，我足够了解这个领域。这个领域曾经并且正在被人类大量研究挖掘，以寻求创新。当然，还存在一些尚不为人知的方面。因此，我需要在你的帮助下，借助我的新'造币机器'，对这些领域进行探索。比如，带我去跟那些生活在我们称为死亡边缘的植物聊聊。"安德烈跟我说道。

以弗所之七圣童

按照最初的工作习惯，我发布了一则招聘启事，召集寿命较长，或抵抗力较强的植物，向我讲述它们的秘诀：

"药物贮存领域的领军企业，同时也是医药领域知名品牌的合伙人，目前正在为其研究和发展部门寻找灵感提供者。要求应征者具备复活、生命暂停、昏睡方面的实际经验。魔法师、吸血鬼、熊类和假先知不予考虑。此次招聘是一次极好的机会，能够促进日后在企业和经济部门的职业发展。"

招聘启事的效果很好，办公室的电话响个不停，我的日程表上很快就排满了一系列会面。

最先出现在等候厅的，是一些来自遥远地方和年代的种子。"您一定知道地中海文化中广为流传的以弗所之七圣童的神话故事吧。

传说，七个基督徒少年为逃避迫害，躲进了一个山洞，但被活活困在了里面。然而，他们却在魔法的力量下睡着了，几个世纪后奇迹般地醒来。当山洞被再次打开时，对基督徒的迫害已不复存在，外部世界重新接受了他们。尽管受到的迫害不同，但我们植物中也有'沉睡的七圣童'。我首先来介绍一下我自己吧，我来自巴基斯坦，出生在那儿也许并非偶然。我可以向您保证，自然界中从来没有奇迹，一切现象皆有原因。"开场白颇为朴素的这位是枣椰（Phoenix dactylifera）的果实椰枣，所有"种子"级别选手中，存活时间最长的纪录保持者。它产自希律王时期的一种棕榈科植物，从母体树枝上掉落约 1900 年后才发芽。因此谚语"栽种枣椰的人吃不到椰枣"，以及跟枣椰名字同音的阿拉伯长生鸟 [1] 的神话故事，也找到了新的注解。

"说到暂停生命和昏睡，我们种子的能力是一流的。我们擅长休眠，但感知十分灵敏，能够面对任何类型的生存意外，包括酷热、严寒、光线、黑暗、碰撞、抓刮、分解、盐水等，当然，还有老化。医生候诊室那漫长的等候对很多种子而言，不过是一次短途散步而已，几十年的休眠对我们来说并不罕见。"除了枣椰，第二擅长休眠的植物，是之前提到的为疏水性表面提供灵感的荷花。这种

[1]　阿拉伯长生鸟，原名为 Phoenix，与枣椰名字中的 Phoenix 为同一词，是神话中的不死鸟，可活数百年，然后自焚为灰，继而再生。——译者注

植物来自中国，自马可波罗生活的年代就开始等待合适的条件，直到1300余年之后才发芽。这两种植物种子所处环境均为完全封闭、干燥的环境，与以弗所神话中的山洞十分相似。这种环境使植物种子无法发芽，但同时保护了其生命系统。然而，种子干枯，或植物枯萎，并不总能保证植物再次生长，或再次苏醒。所以，简单的脱水并不足以解释上述这些异乎寻常的现象，坚硬的外壳，以及能够防止蛋白质衰老的酶，也起到了重要作用。

　　我告诉安德烈，这些酶在人类和其他物种身上也能找到，它们能够修复蛋白质衰老过程中发生的病变，保证蛋白质完好无损并长期有效。然而，对保存种子起到最关键作用的，主要是碳水化合物的玻璃化[1]及其黏滞性的大幅增强。他的回答却有些冷淡："这些是很有趣的奇闻逸事，但不是我要找的东西。你比我更清楚，奇闻逸事令人惊讶，但不能为成功提供保障。我需要适用于普通植物的、具有普遍性的可重复方案，而不是罕见案例。不过，目前整体研究方向是正确的，我想知道它们究竟如何耐受脱水状态，以及是否能够应用到我的领域中。"

---

[1]　对于非晶高分子，当高分子通过降温从高弹态转变为玻璃态，或者通过升温从玻璃态转变为高弹态的过程为玻璃化转变，发生玻璃化转变的温度叫玻璃化转变温度。对于结晶高分子，玻璃化转变是指其非晶部分所发生的由高弹态向玻璃态（或者玻璃态向高弹态）的转变。因此，玻璃化转变是高分子中普遍存在的现象。但是玻璃化转变现象并不局限于高分子，一些小分子化合物也存在玻璃化转变。——译者注

直觉告诉我，他有其他的想法，但是不想跟我说。于是，我又引荐了另一种休眠植物，哦不，另一种生有白色娇嫩小花的休眠植物。"您觉得我存活多少年了？""也就几年吧。"面对我的回答，它发出爽朗的笑声。外形瘦弱曲折的狭叶蝇子草（Silene stenophylla）向我们炫耀说，它已有足足31800年的历史（确切来说，在31800年左右大概有300年波动）。它从未熟的果子内部生长出来，这些果子埋藏在西伯利亚最寒冷、最不宜居地带的多年冻土中。"从冰河时代起，我就被储存在斯克莱特冰下几十米的窝中。斯克莱特是一只更新世[1]的松鼠，酷爱橡子，但也不嫌弃其他果子，比如我的果子。"它紧接着强调。以一块存活至今的细胞块为基础，配以适当的优质果实和激素处理，一些研究员成功克隆出该植物完整的有机体。或许这种外貌年轻、实际却已有几千年历史的植物，是现存能够证实猛犸象和柱牙象曾经存在的唯一见证者。

"如果以下这些信息对你们有用的话，我可以告诉你们，孕育我的组织中，有大量蔗糖和一些酚类化合物，这些成分会随着气温的降低而增加。此外，在冰冷的冻土和果实的保护下，我的细胞始终处于脱水、完好的状态。"毫无疑问，等候出生时长的吉尼斯世界纪录非它莫属了。而我的朋友则对一个问题产生了极大的兴趣：

---

[1] 更新世，处于上新世与全新世之间，为第四纪开端的地质时期。始于180万年前，止于1万年前。

衰老和死亡的概念对于植物而言，与我们相同吗？这一问题的答案恐怕暂时还无法揭晓，因为此时，我的办公室被另一群活跃的老人占领了。它们急欲向我们讲述它们的遭遇，比起从长久的睡眠中再次醒来的休眠者，它们倒更像是敢闯敢干的退休老人。

"您好，我们是大皱蒴藓（Aulacomnium turgidum）和针叶离齿藓（Chorisodontium aciphyllum），刚刚从地球的两极赶来。我们非常淳朴，不像前面那些植物，炫耀因别人的功劳而取得的成就。要澄清的是，蝇子草的复苏是有人类参与的，应当说它的复活是非自主的、由人工介入的。从统计学来讲，这算是可喜的成果，也满足了你们人类对无限权力的追崇。不过对您的客户来说，也许用处却不大。我们要向您讲述的，则完全是我们自己具备的能力，不掺杂任何欺骗手段和诡计。"这两种苔藓的组成多元，由来自阿根廷对面的南极洲岛屿和北格陵兰岛西部岛屿的多种苔藓构成。它们的休眠于不久前遭到打扰，人类造成的全球变暖和冰川融化，使这两种休眠植物重新出现在地球极冠。

上述几种植物都是一代覆盖一代层叠生长，这种生长方式使它们夏天能接触到空气和阳光，冬天则被覆盖在冰层下。最古老的植物留在了最深层的地带，与终年冻土融合在一起。"但如果像小冰期初，也就是16世纪中期时那样，气候格外严寒，夏天也布满积雪，我们就会隐藏在冰层下，等待适宜的气候。对我们之中的很多品种而言，如今的气候正适宜，是出动的时候了……"想到人类活动造成越来越多的冰川融化，苔藓植物满意地搓着手。就这一现象，它们大概是地球上唯一的受益者。如今这种阳光、温度和水源兼具的环境，为它们提供了最适宜生长的条件。因此，它们如同以弗所山洞中的七圣童，在迫害结束时，从沉睡的状态中重新苏醒。

尽管丝毫不显，但大皱蒴藓其实已有五百余岁高龄。针叶离齿藓更甚，它们存活了足有 1500 年，堪称苔藓植物中的玛土撒拉 [1]。亚拉里克 [2] 和西哥特人劫掠罗马帝国之时，它们便已经生长在南极洲了。

"我时刻准备着在人类文明最黑暗的时期生长，无论是罗马帝国衰亡之时，还是地球气候变化之时。"针叶离齿藓玩世不恭地说道，"别用这种眼神看我，你们不管不顾自相残杀乃至灭绝，又不能怪到我头上！"安德烈并没听到这句话，他激动地在椅子上挪动，表现出了强烈的好奇心。于是，我便让植物继续它们的讲述。

要想在严寒下存活，需要具备三个核心要素。其一，苔藓植物是极易无性繁殖的一类物种，它们的碎组织具有再生能力。由植物

---

[1] 在《希伯来圣经》的记载中，玛土撒拉是亚当第 7 代的子孙，是最长寿的人，据说他在世上活了 969 年（《创世纪》第 5 章第 27 节）。——译者注

[2] 西哥特国王（395—410 年在位），公元 410 年率领西哥特人攻陷了罗马，并大举劫掠。——译者注

碎块形成一个新的个体，是苔藓植物的生长准则。为了实现这一点，苔藓植物的细胞形成了所有植物细胞都具备，但在动物身上已消失的特点——多能性（Totipotenza），即形成机体内任何其他类型细胞的能力。在特定条件下，任何成熟的植物细胞都有能力恢复到胚胎状态，再生出一个完整的有机体。"为了达到这一目的，蝇子草需要你们人类的大力协助，而我们却可以独立完成。无性繁殖不只是一种自然行为，也是一种成功的策略。因为只需某一个体（包括拥有 1500 年历史的个体在内）的少量细胞度过一个冬天，便可再生出一株完整的植物。抵抗长期严寒和阴暗是我们的生物学能力，与你们人类的复苏技术无关。"

令安德烈感到无比好奇的另一特征是抗脱水性（Poichiloidria），即耐受脱水状态，甚至在完全无水的情况下也能存活的能力。苔藓植物细胞组织缺水，不仅不会导致细胞死亡，也不会改变酶、细胞膜和蛋白质的功能。恢复有水状态后，细胞能重新活化。安德烈紧接着说："太有意思了。既然这样，那有一件事我们要深入探究。通常，冻结有机体无法保证其活性。举个例子，当细胞内部的水分被冻住时其体积会增大，以致撑破细胞膜，蛋白质裂开。而水分的缺失则会破坏细胞的形状和组织，使其发生不可弥补的变性作用。我们要从这一点出发，对苔藓植物进行深入研究。"

最后一种现象是由另外一些植物介绍的，它们来自与上述环境完全不同的地方。"这种现象叫做隐生（Criptobiosi），即没有新陈代谢活动的休眠状态。"发言的是最后两种休眠植物——密罗木（Myrothamnus flabellifolia）和鳞叶卷柏（Selaginella lepidophylla）。前者是南非的一种小型灌木，后一种类似蕨类，但生长在沙漠中。"人们常常把我供为神物，错误地称我为'复活植物'，或'杰里科的假玫瑰'。可惜我来自墨西哥的奇华胡安沙漠，且不懂创造奇迹。"鳞叶卷柏说，"跟前面几种植物相比，我们的休眠更像是打盹儿，一般持续几周或几个月，在时长上并没有竞争力。但论及安然无恙地苏醒，我们有一些确切的细节特点。我们认为，这些特点与你们提出的要求完美契合"。

密罗木和鳞叶卷柏均生长于干燥环境，而非严寒环境，但它们经受了同样的进化压力。因为无论是缺水，还是严寒，沙漠和北极的环境条件都不能满足生命需求。这两种植物均被称作"复活植物"，因为它们能在不丧失生命力的情况下，经受补水和缺水的多次循环往复。下雨，它们生长；不下雨（或者不浇水），它们会完全干枯，并将叶子卷起；再给它们浇水，它们会伸个懒腰，把叶子展开，像什么都没发生一样从休眠中复苏。这两种植物能够在丧失体内98%以上水分的情况下，完好无损地保持所有新陈代谢功能。一旦重新获得水分，便能完全恢复原状。事实上，当遭遇干旱时，它们便进入休眠状态；当环境恢复适宜条件时，它们便从休眠中苏醒过来。

安德烈明显激动起来，并希望了解更多细节。"不知您是否记得，蝇子草中含有丰富的蔗糖。在我们的组织中，随着环境干旱程度的增加，除了蔗糖以外，还会逐渐积累一种十分相似的成分——海藻糖。它的作用并非提供能量，而是保存能量。尽管蔗糖也有类似属性，但海藻糖保证长期休眠而不伤害活细胞的能力比蔗糖强得多。"缺水时，复活植物体内的蔗糖和海藻糖会逐渐增加，从每克零点几毫克增至约一百毫克。两种糖分通常是组合存在的，但海藻糖保护细胞的能力更强。"蔗糖的制造成本更低，您知道，我们植物很注重管理投入和产出之间的关系。海藻糖功效的确更好，但成本也更高。二者以适当比例混合，能保证我们进行较少的新陈代谢，并获得可以接受的效果。"

海藻糖的任务是负责保持细胞和代谢系统的完整性，防止蛋白质变性和包裹细胞及内部细胞器的磷脂[1]病变。缺水状态下，这些物质很容易遭到不可弥补的损害。跟蔗糖一样，海藻糖也是一种双糖，但由两个葡萄糖分子构成，因此活性和物理化学性质与蔗糖都有所不同。

"海藻糖就是我要找的分子，我要了解它的全部！"安德烈命

[1]　磷脂，组成生物膜的主要成分，常与蛋白质、糖脂、胆固醇等其他分子共同构成细胞膜。——译者注

令卷柏深入介绍它的储存机制。与其他类似的碳水化合物相比，海藻糖拥有适于保护生物系统的玻璃化属性，并且玻璃化转变所需温度最高。当达到玻璃化转变温度时，物质由黏滞状态转变为流体状态，并通过无序结晶形成不定型固体。玻璃具有高度黏滞性，大量原子的活动都会完全受到抑制，分子无法旋转亦无法扭曲。因此，它们会稳定地保持原本状态。此外，由于不会形成真正的晶体，所以分子内的空间不会发生变化或重组。当生物系统内的水分不足，海藻糖会变为玻璃化状态，细胞器、蛋白质和细胞膜周围会形成一层保护膜。

"虽然并不完全是同一码事，但为了简明易懂，可以说海藻糖的这种作用，与琥珀能够完好无损保存昆虫的作用相似。只是不同于琥珀，海藻糖能够保证储存物质的活性。不过，如同自然界一如既往的规律，这一能力涉及多方面，绝不仅限于解决某个单一问题。"密罗木解说着。比如，随着水分不断减少，玻璃状的海藻糖能够将剩余的水分子连接在一起，避免其被降解酶或微生物利用，导致细胞组织遭到破坏。海藻糖的优势之一，在于它是各向同性[1]物质，能够帮助维持细胞内秩序，使剩余水分与细胞膜及蛋白质进行最优结合。由于它与水分子结合的能力比水分子之间的结合能力

---

[1] 各向同性，指物体的物理、化学等方面的性质不会因方向的不同而有所变化的特性，即某一物体在不同的方向所测得的性能数值完全相同，亦称均质性。——译者注

更强，海藻糖会逐渐进入蛋白质内部和凝脂细胞膜附近，除了在细胞膜外部建立保护层，在其内部也会建立起一种支撑结构，帮助维持细胞膜形状。

在富含海藻糖的细胞内形成的玻璃状物中，蛋白质丝毫不会改变形态。与水不同，具有不定型晶体结构的玻璃状物的体积始终保持不变。因此，不管以水合物形式存在，还是处于缺水状态，它所占据的空间始终相同，不会在不同时期发生变化。结冰期间，海藻糖解构水分子的同时，会像冷冻保护剂一样，避免形成边缘锋利的冰晶体，并阻止其体积膨胀，造成细胞和细胞器爆裂[1]。这种能力虽然在沙漠中派不上用场，但在冰川区却十分实用。反之，水分增加时，海藻糖构成的玻璃状物会融化，一切机制恢复正常。

值得指出的是，除了密罗木和鳞叶卷柏，还有一些植物也具备这一特点。事实上，昆虫和其他无脊椎动物亦然（但哺乳动物没有）。生物为适应同一生存压力所取得的独立进化和协同进化成果，正是那些寻求类似特性的人所需要的。

安德烈容光焕发地说："这正是我要找的，基于这一特点可以设计出疫苗、血清、解蛇毒剂，甚至对温度敏感的药物的储存方式。目前，为了防止它们降解，我们不得不将这些药剂冷冻储存。另外，

---

[1] 海藻糖这种能够与水结合、改变冰晶体形状和大小的能力在食品领域也已经有所应用，比如生产易于涂抹和不易融化的冰淇淋。

上述属性还能用来冷冻血小板和其他动物细胞，使它们不遭到损坏。"一旦找到比例适当的海藻糖和其他糖分的混合物，以及正确的脱水程序，这些易变质的药物也能够在冷冻仓库以外的地方长期储存。[1]

然而，鳞叶卷柏的优点不止这些。"短暂的潮湿环境不会对我们造成困扰，这是自然进化赋予我们休眠植物的另一优势。"的确，微弱的湿度不足以使玻璃状的海藻糖融化，因为虚假的警报可能会给植物带来巨大风险。如果仅仅只因一点露水就分解生物结构，可能会对植物造成致命的伤害。当条件真正适宜时，比如下雨，或水分充足时，重新激活生命机制才是更加有利的。微量的湿气能够使海藻糖形成水合物，避免更多水分渗入。玻璃状物在不变形的前提下将水合物吸收，但只有当水分充足时（如雨后），才能快速全部融化。

"这正是我想到的另一关键要素。"安德烈回答说，脸上隐约露出扑克牌式的笑容。鳞叶卷柏却毫不客气地说教："但是注意，海藻糖可不是长生不老药，它只是帮助这七种休眠植物生存的一种组成成分。虽然海藻糖的确是保证植物休眠和复苏的最主要元素，但是如果没有多酚和类胡萝卜素的抗辐射和抗氧化作用，没有构成植

---

[1] Nova Bio-Pharma Technologies 和 Biomatrica 两家制药企业自 2014 年开始销售疫苗，以及海藻糖混合物构成的另一种能在冷冻库外保存的生物材料。其生产的疫苗能在 37 摄氏度的环境下保存一整年时间。

物外皮的外层细胞的贡献，没有修复酶和细胞多能性的辅助，海藻糖就无法起任何作用。所以，请不要异想天开地在我们身上寻找单一的解决方案。"

谁想长生不死？

第三次见面时，安德烈提出了之前几次会面遗留下来的一个问题，"根据这些植物的讲述，似乎衰老并不是它们生命中不可避免的环节，这意味着我们也许能以某种方式进行模仿。那么回到之前的问题，死亡和衰老的概念对于植物与对我们一样吗？"我跟他解释说，不是这样的。潜在的永生能力，正是植物区别于我们人类的原因之一。对我们人类而言，衰老和死亡通常是并行的。我们的生化机制功能会逐渐减弱，直到失去生命机能，丧失区分不同个体的基因信息。"在动物世界中，你和我不同，是因为我们基因不同，且我们是分别存在的个体。当这种独特性消失不复存在时，我们便将死亡。但对于很多植物来说，却并非如此。"

我告诉安德烈，用词是十分重要的。尽管"休眠""长寿""衰老"和"老化"这几种表达的意思较为相近，但对于植物和老年医学家而言，它们却指涉了不同的现象。例如，植物就是器官老化和有机体老化不同步的典例。所有植物都面临着时间带来的生物学压力，但是不同植物的应对机制各不相同。有些植物跟我们人类一样会死去，一年生植物甚至有计划性地在开花后死亡。但如果其开花行为受到抑制，植物的生命便可得到延续。烟草就是常见的一年生植物，但由于其开花行为受到抑制，因此可以持久生长。还有一些寿命极长的多年生植物，单独个体抛弃失去功能的器官后，可重新制造新的器官。在这些植物中，有机体的老化发生在单个细胞或器官中，有机体本身却始终保持活力。"比方说，有一组基因完全相同、在不同时间由同一母体产生的克隆体，几个世纪或者几千年来始终生长在同一地方，我们应该将它们看做什么？如果它们之间恰好还彼此连接呢？"

为了证明我的假设，我叫来了佛座莲（Sempervivum tectorum）。这种植物拥有能够自我克隆的繁殖机制，因此丝毫不惧死亡。每一株克隆植物都与原植物完全相同，但由于它们是不同的生命体，为将它们区分开来，又引出了两个概念——基株（Genet）和分株（Ramet）。由同一母株无性繁殖得到的两株或更多植物代表同一基株，每一个体为不同的分株。从理论层面讲，如果按照我们人类所理解的衰老和死亡定义来说，能够随时间不断增殖的基株植物也能达到永生状态，且永不衰老。

"您本可以召唤其他比在下更出名的植物做代表，但我肯定是离您最近的，城市中几乎每一个阳台上都有我的身影。"佛座莲一边说，一边摊开一张特殊地图，"这便是千年古树之王的真身，千年古树是我们对地球上现存最年长客人的地质学美称。居于首位的，是一棵有着 12000 年历史的犹他州古老杨树"。

在平原长大的安德烈困惑地看着我。大概是因为在河滩地带较少见到杨树，或因为它生长过快，让人难以将它与长寿的概念联系起来，我们的确从不将杨属植物视为长寿的代表。雪松、栗树、橄榄、巨杉、栎树，这些树的确可以生存百余年，甚至更久。它们的树干生长缓慢而持久，木质坚硬结实，不像杨树树干那般苍白。树皮和树干在时间的磨砺下布满沟缝和皱褶，如同顽强的水手，饱经风吹日晒，与皮肤滋润光滑、肩膀平直的白皙少年，或者森林中的"型男"截然不同。然而，在树龄排名中，名列前茅的还有一些意想不到的植物，比如杨树，甚至菌类。

生于密歇根州森林的蜜环菌（Armillaria bulbosa）基株能够持续繁殖生存 10 万年。据推测，地中海深处的水生植物大洋海神草（Posidonia oceanica）的寿命也与此接近。佛罗里达州则发现了有 1 万年历史的锯叶棕（Serenoa repens）的克隆集群（"滑稽的是，制药领域将这种古老棕榈的果实用于治疗老年男性的前列腺疾病。"安德烈笑道）。而另一个半球上，塔斯马尼亚州目前唯一存活的金氏山龙眼（Lomatia tasmanica），是经过 4.4 万年的无性繁殖得来的。与之前西伯利亚蝇子草的案例一样，这些植物的基因与几千年前的母株植物完全相同，而持续的无性繁殖，保证了它们的生命稳定性，乃至超越了人类概念中的衰老和死亡。因为虽然个体的分株可能会死亡，但是拥有与其一模一样基因的基株却始终存活。

位居千年古树名单之首的古老杨树，是指犹他州山区的大片雄性美洲山杨（Populus tremuloides）。在几十公顷的土地上，有近 4 万株杨树，其中每一棵树干都有几十年的生命周期，但它们均由极为古老的同一根器官生长而来。它们的根部网络系统会根据具体情况拓展或收缩。在犹他州森林中，我们能够看到的树身其实都是同一个体的分株，彼此之间由唯一的根部网络连接。

"虽然表面看来跟制药没有关系，但这些无性繁殖生物体的运行机制，就像一个巨大的加盟连锁系统。每一个分株就像一个独立的销售点，其外形、活动、产品和生活方式均与基株相同，基株也为分株在环境中的生存提供保障。植物的分株网越大，连锁销售点倒闭对基株品牌店的影响越小。"安德烈插话，佛座莲顺着他的思路继续说："为了帮助你们更好地了解这种机制，我带你们去阿尔卑斯山认识一下 Carex curvula。这是一种生长于山地的狗牙根属植物，耶稣诞生、彗星经过时就已存在了 [1]。"

佛座莲说的这类植物具备通过无性繁殖来抵抗衰老的所有特

---

[1] 根据《圣经》，耶稣诞生时，天空中曾有一颗彗星经过。——译者注

点：每一棵小树枝上都可以长出侧面匍匐茎，匍匐茎会向条件更加适宜的土地延伸。当它们遇到合适的条件便会扎根，同时与原植物保持连接状态。几年过后，如果一切安好，它们便会断开与原植物的连接，开始在几厘米之外形成自己的匍匐茎，并生存长达几个世纪之久。为了避免繁殖消耗能量，这些植物会相互复制，不断形成相同的个体。如此，在某种程度上，同一环境中个体的基因便可获得永生，不受严寒、高温、入侵和衰老的威胁。这种策略还为植物提供了一系列具有竞争力的生存能力。首先，如果原植物遇到有利环境，无性繁殖可使其更快速地占领周围地盘，植物无须为繁殖做任何投入，也无须等待开花结果。其次，由于覆盖土地面积广，植物可以淡定地放弃生长较差的部分，或者向处于困境的部分输送资源。此外，该植物基因消亡的风险很小，年老的部分可以被新生长的部分迅速代替。且通常情况下，所有分株都会以不同方式，参与基株的生存活动。比如，有的分株负责进行光合作用，有的提取资源，并将其运送到正在生长的部分，整个运作机制就如同一个超级有机体。

上述这种植物，不管是年轻的还是年老的，活着的抑或是死亡的，几个世纪以来都共同存在。例如，Carex curvula 和美洲山杨的新芽能够依靠稳固成熟的根器官生长，一段时间后才会与母株断开连接。"衰老的定义对不同生物体来说是不一样的，你们人类理解的衰老是适合动物个体的概念。"佛座莲一边总结，一边收敛起自身的主角光环。它解释说，虽然它的莲座会老化和死亡，但是它的整体基株不会真正衰老。不管是在花盆中，还是在阳台上，抑或是在瓦片上，它始终都有生命力。植物会老化，但不会死亡，它会把衰老转移给细胞，但整个生物休则始终保持年轻和活力。

"我不知道这是否能为我的研究室开辟新方向，但我可以把这些推荐给那些研究高层建筑管理工程新模型的同事，他们一定会对这些植物的资源分配和生长加固模式感兴趣。不管怎样，我的脑海中又出现了另外一种想法。我向来关注竞争，听到植物提到多能性和衰老的新定义，以及植物细胞能够恢复年轻，我想知道一些对手企业对自然的模仿是否正确。"巡视健康领域产品的售货架时，安德烈发现，发展势头最强的高科技自然美妆产品，是以植物干细胞为基础制成的。广告宣称，这种植物干细胞是植物送给人类的抗衰老礼物。"有些企业正在推销一些由这类细胞制成的高价产品，称这些产品是通过对植物现象的有效模仿制作而成，欧丁香（Syringa vulgaris）、酿酒葡萄（Vitis vinifera）和芳香马鞭草（Verbena odorosa）都榜上有名。我想跟这些植物联系一下，以便深入研究。"

说到做到，几天之内写字台卜就摆了一排烧杯，烧杯中盛满了液体浸泡的细胞。通过与苔藓植物和蝇子草对话，我们了解到如果从植物中提取某些部位，比如根，或者胞体、新芽等年轻组织，可以相对容易地获得机能类似动物干细胞的多能分生组织细胞[1]。在植物（北极苔藓和 Carex curvula）生成的，或者人类加入的（如西伯利亚蝇子草案例）一些激素的作用下，这些细胞成熟后，能够轻松恢复年轻状态。对，就是那个未来可期、没有麻烦事、没有失望的美好时代。分生细胞不仅对休眠植物至关重要，对那些通过无性繁殖避免死亡的植物亦是。正是由于分生细胞的存在，无性繁殖机制才能自发地运行。

作为小组代言人，欧丁香（Syringa vulgaris），一种普通丁香属植物，介绍了它们的一些特点。从某些角度来讲，这些特点是令人艳羡的，通过它们能够直接区分植物与动物。其中一点便是无限生长性。除了一些成熟细胞能够回归年轻状态，还有一些组织能在植物整个生命中，不断地再生出新结构和新器官，保证根、茎、新叶和果实的生长，或者进行无性繁殖。这些组织能够促进无性繁殖的植物产生分株，也能帮助其他植物在遭到修剪、病变、老化时，像化妆品广告中说的，在每个春天重焕光彩，实现再生长和器官再生

---

[1] 分生组织细胞，在植物体的一定部位，具有持续或周期性分裂能力的细胞群。分裂所产生的细胞排列紧密，无细胞间隙；细胞壁薄，细胞核大，一小部分仍保持高度分裂的能力，大部分则陆续长大并分化为具有一定形态特征和生理功能的细胞，构成植物体的其他各种组织，使器官得以生长或新生。分生组织是产生和分化其他各种组织的基础，由于它的活动，使植物体不同于动物体和人体，可以终生增长。——译者注

成。这些组织被称为分生组织（Meristemi），它们构成的细胞能够通过生物反应器，被人类轻而易举地复制和培养。如果是体外培养，且缺乏促进分化的特定植物激素，分生细胞的形成则会受到抑制，停止在胚胎状态。它们会无限复制，不仅不会老化，也不会转变为成熟组织，而是像彼得·潘一样青春永驻。

许多消费者都痴迷于这种能够抗衰老的、神话英雄般的植物。对市场营销专家来说，由自然现象引发的对于永葆青春的渴望，代表了一股难以阻挡的、过于强烈的诱惑。消费者脑海中的等式非常简单：如果动物干细胞代表了生物医药研究的未来，可以抵抗遗传疾病和有机体的生理性衰退，那么效仿与它们相似的植物，也同样具有革新性和有效性。如果动物干细胞能够使器官复原，那么与它们相似的植物也能够保护皮肤，并使其恢复青春。

因此，人们将"植物干细胞"描述为具有超能力的、能够持续繁殖的细胞，认为它们如同"强大的皮肤再生器"，可以产生使植物永葆青春的有效成分，模仿它可以在药妆领域掀起一场革命。可惜，人类模仿自然界中的植物激素和分生组织毫无意义。

"您总是跟我们植物聊天，所以也许无须提醒您，那些使多能细胞始终保持活力的植物激素各不相同，且互不兼容。它们的运行机制与动物细胞中能够进行逆转的机制截然不同。"欧丁香苦恼地叹了口气。"植物活力激素 = 动物活力激素"的等式是没有意义的，就算有什么好处，也跟植物的繁殖模式无关。"我明白了，模仿植物就像抄袭同桌的拉丁语翻译练习。如果你不知道自己抄的是什么，结果只能是大出洋相。"安德烈总结道。

第九章

梦幻般的光合作用

尽管已临近日落时分，我仍然筋疲力尽地待在办公室。交工的截止日期对我来说简直是噩梦，委托者不等我将从植物中获取的灵感和想法完善成熟，就迫切地要求在最短时间内拿到全部方案。这次的任务是通过仔细研究植物的光合作用，探索利用太阳能的适当方式。"叶绿素的光合作用能力如此之强，模仿它，我们便可在光伏系统领域有所突破。"我已经几天没合眼了，写字台上像往常一样摆满了各种笔记，我不得不从一大早就开始整理。叶绿素、电子、催化剂、糖分、叶片、射线、氢和光谱纷纷聚集在桌子上、屏幕上、我的视网膜上和脑袋里。第二天我就要向公司交工了，晚饭也还没顾得上吃，天气燥热，而我精疲力竭。我伸展双腿，靠在椅子上，试图放松一下。我决定在回家路上的小吃店吃点东西，然后回家继续工作。

小吃店里弥漫着一种奇怪的气氛。"柜台后面的女孩混合着啤酒和七喜"[1]，我眼神空洞地盯着面前的电脑、停滞不前的笔记、智能手机和放在沾有油污的桌子上弄脏了的眼镜，试图集中精力思考问题。不久前，人类好像发现了有"地外植物"生存的星球，但其自然状况仍有待探索。几年前，美国人将类地行星探测器（Terrestrial Planet Finder）送入轨道，监测其他可能适宜人类居住星

<hr>

[1] 由 Francesco Guccini 创作的意大利歌曲《高速服务区的小吃店》（Autogrill）中的歌词。——译者注

球的环境。欧洲航天局（ESA）则启动了达尔文计划的卫星网，这些卫星均增强了火力，试图发现红外线波段中的（我认为是虚幻的）红边[1]（Red edge）。经过11年的巡查，航天局终于实现了目标。广播播送这段消息时，我的电脑处理器正在自动誊写一天前我采访一位天文学家的录音稿，他绝望地负责着第 n 个不可能实现的任务。

光线慵懒地穿过粉色尼龙帘幔，一个留着胡子的家伙敲打着旧茶盒，打破了沉寂。突然，一切都梦幻般地停滞了，我开始意识到不对劲。我感到那些跨国农业公司正掐着我的脖子，不停地追着我要方案。他们想从我这拿到如何在遥远的星球种植以及种植什么的策略，并把它们提供给出钱最大方的客户，以从中获取一大笔利润。"我想知道，如果在那上面进行农业投资的话，会有怎样的发展。纽约证券算什么，这才是真正的未来！"我上司的声音凭空出现，"你那些植物朋友肯定比我们知道得多，快去咨询一下！"

那位天文学家称，所发现星球的自转、温度、大小和空气成分等要素均满足植物生长的条件，因此，"地外植物"的发现得以证

[1]　在电磁波谱中，红边是植被的反射率在近红外线波段接近与红光交界处快速变化的区域。红边与植被的各种理化参数是紧密相关的，是描述植物色素状态和健康状况的重要指示波段，因此红边是遥感调查植被状态的理想工具。——译者注

实。达尔文计划的卫星在红外线波段中捕捉到了这些参数的明确信号，与光合作用植物的红边刚好对应。天文学家认为消息是确实可信的，因为只有当存在"生物学家们所谓的植物生命"时，各个要素才会出现类似的组合。一切堪称完美，又令人着迷。但就在他提到"植物生命"一词不久后，他的手机突然没电了，他本人也随着电子信号消失了，而我则仍然徘徊在关于红边的疑问中。我的头脑一片空白，突然发现夜晚已经降临，空气中散发着高速公路休息区的新鲜沥青味。

　　尽管受到场景突然变化的惊吓，我还是截获了洋槐（Robinia）的想法。这是一种笔直多刺的植物，但也拥有一定的语言修辞天赋。"如果你们人类的视力不受限制，就会发现植物其实是红色而不是绿色的。撇开光合色素的颜色不谈，为了避免受到过强太阳光的炙烤，我们对能量最强的波长具有专门的反射能力。我们陆地植物不仅能够反射光线中的绿色部分，还能反射来自红外线的能量。否则，我们的光合作用系统会像去了科帕卡巴纳[1]却没带防晒霜的瑞典人一样被烤焦。"洋槐说道，进一步展示了它丰富的想象力。我的直觉告诉我，鉴于这是一种针对光线的进化适应能力，且光线在世界所有地方的作用都大同小异，所以期待其他一些能够进行光合作

[1]　Copacabana，位于巴西里约热内卢南边的一个区，以其长约 4 千米的海滩而出名。——译者注

用的"怪物"在其他地方也具有红边是可以理解的。土壤和死亡的植物没有红边，因此地球外的红边才十分重要，它能够显示生命的存在，至少当信号从星际发出时，也就是很长时间以前，还存活的生命。

　　洋槐的描述让我放下心来，于是我鼓起勇气说，为了解外星植物的颜色，并令上司满意，也许我需要弄明白为什么地球上一些植物是红色、蓝色或棕色，而不是绿色的。叶绿素吸收蓝光和红光中的能量，而不吸收绿光中的能量。因为在陆地上，进化赋予了进行光合作用的物种暴露在太阳光下时，保持最佳收支平衡状态的能力。陆地植物收集光能，并将其转化为化学能量。但它们不会将太阳辐射照单全收，而是会选择某些波长的光线和某些类型的光子。"此外，它们会通过卡尔文循环 [1] 合成葡萄糖。但是除了生物化学，还有一些物理反应（这部分十分复杂）、电子扩张和一些关于附属色素的知识，我没有跟你讲，因为我知道你肯定会晕掉的。"

　　我对洋槐的宽宏大量表示感谢。其实在我看来，与其说它是一棵有树干和叶片的植物，倒不如说它更像是一个幻影。

---

[1]　卡尔文循环 (Calvin cycle)，又称光合碳循环（碳反应），是一种新陈代谢过程，可使其动物质以分子的形态进入和离开此循环后发生再生。碳以二氧化碳的形态进入并以糖的形态离开卡尔文循环。——译者注

光合作用的效率并不完全取决于光能，而在于击中叶片的光子数量及其所携带的能量。比如，蓝色光子的能量比红色光子强得多，而红色光子在数量上却多得多；绿色光子的数量和能量则介于二者之间，因此，不管是在数量上还是质量上，它们都没有可被利用的优势。此外，水藻中开始出现叶绿素的同时，海洋环境中的光合生物则利用菌紫红质[1]等紫色色素进行光合作用。优势较弱的绿光会被菌紫红质吸收，海下环境中只留下蓝光和红光供叶绿素组织使用。因此，叶绿素和菌紫红质的光谱差别很大，不会出现重叠。综合考虑这些因素，便知黄矮星太阳提供的光线对于那些吸收红蓝光、反射绿光的色素十分有利。

"表面上看，这样有些浪费能量，所以我提前解答一个你可能会问的问题。陆地植物不能使用黑色的光合色素，也不能吸收全部可见光谱，因为这样会因储存能量过多，而带来负面效果。你记得我之前跟你讲过的红边吗？道理是一样的，宁可有所舍弃，限定系统效率，也不要破坏性的结果。此消彼长（Trade-off）的逻辑，即通过放弃一个直接优势，换取一个（仅仅）表面看来不算重要的利益，是我们宝贵的家规之一。"但这只适用于陆地环境，也就是没有水的滤光作用的地方。水生环境中的光合生物利用另一种不同的

---

[1]　菌紫红质（bacteriorhodopsin），一种色素蛋白。——译者注

光来进行光合作用，因为水及其中的溶解物或悬浮物会吸收一部分光波，使其无法被利用。

这意味着，光线对于海洋、河流和湖泊中的各种生物来说是各不相同的。生活在较为表层的生物对光的接受程度与陆地植物类似，而生活在底层"地下室"的植物则有着与叶绿素不同的机制，它们仅能利用所接受到的少量光线积攒能量。当星际环境转变为海洋环境，或者光源有所变化时，某些条件下绿光的反射有可能不再是最主要的部分，其他光合色素可能会因更适合环境而占得上风。生长在水面表层的植物所受影响也许较小，但对于那些生长在水下深处的植物，结果则迥然不同。随着水深的增加，植物具备的分别是棕色素、红色素和蓝色素，这些色素会吸收表层植物留下来的绿光射线的能量。一些深海细菌甚至会利用海底火山熔岩发射出的红外线进行光合作用，因为除此之外，没有任何其他光线能到达它们所处的环境。

根据要在卡车之间窒息的洋槐[1]的讲述，我推断外星球上的植物颜色是由其所处环境、光线、与最近恒星的距离、光射线的种类和对当地空气的吸收情况决定的，没有迹象表明外星球植物的颜色也是绿色。

---

[1] 这种植物常常被种在车流量大的高速公路服务区。——译者注

上述准则大概在整个太阳系都适用，光合色素会在数量最多、能量最强、构成光线波长较短的光子中选择最优组合吸收。综合天文学家和洋槐的陈述，最有可能为生命形成提供光源的，是 G、F、K 和 M 这几个类型的恒星。

M 型红矮星释放出的光很弱，以至于可能存在的地外植物为了积累光合作用所需的足够能量，需要吸收可见光谱中的所有光。因此，无论是用肉眼看，还是透过红外线，这些植物都是黑色的。而同一类型但较为年轻的星球只能供养水生生物，因为它释放出的过强的紫外线，可能会造成难以弥补的损害。F 型恒星释放的光线十分强烈，植物为了保护自己的酶，不得不反射大量光线，以致在我们眼中呈现白色。还有一些星球的蓝光过强，植物需要一层类似花色素苷的保护罩。因此，我们认为这些植物应当是蓝色或者紫罗兰色的。希望 K 型恒星周围运行的候选星球上，能有类似地球植物的颜色，哪怕深浅程度不同。

突然，我又被传送到小吃店里，喇叭呲呲啦啦发出让人发颤的声响。醒来时已经是深夜，我满身大汗，头靠在椅背上，腿伸展地放在满是文件的办公桌下。我梦见去小吃店吃了晚餐，梦中还混入了以前和现在的紧急工作，以及我从植物身上学到的东西。距离与客户的会面仅仅只剩几个小时，尽管还没吃晚饭，但在见客户之前，我真得回家了。

十项全能运动员综合征

　　尽管浪费了一些时间，但事实证明，考虑到我要向客户讲解的内容，跟他们讲述一下我的梦境，博他们一笑还是有必要的。我从最基本的内容开始讲起：要想利用技术模仿植物，就要对它们有足够的了解。"尽管人们都说叶绿素可以进行光合作用，但仅有叶绿素是远远不够的。如果仅仅将这种分子镶在光伏板上就能解决问题，我们今天也就不会在这儿了。其他人已经取得了一些成果，我们之后也会讨论，但目前还没有人制成附有叶绿素的光伏板。"为了将太阳能先转化为电子流，再转化为化学能，叶绿素需要与由一些化合物和一些酶构成的复杂系统协同工作。这些成分有着特定的排列顺序，且彼此间隔距离固定。首先，合成叶绿素和类胡萝卜素的一系列色素分子在吸收光子的同时，会刺激叶绿素，并激活电子；接着，电子被迅速转让给第三方，并引发一系列传递和扩大反应；最后，生成的短电流会跟其他分子、蛋白质和酶一起捕捉二氧化碳，以完成葡萄糖的合成。

　　如果没有其他成分，叶绿素本身充其量就是个没有汽车哪也去不了的配送员。此外，光合作用"发动机"的其他部分很难被重建，甚至有一些部分的结构我们至今都没搞清楚。在光的作用下，叶绿素将电子转让出去，但随后又会将其夺回。这是以牺牲水为代价的，因为该过程会产生氧离子和氢离子，植物又会将其排出并投入再循环。关于这一点，我们之后还会再讨论。

但首先，要进行一些思考。你们来询问如何模仿光合作用，是因为人类迫切需要对环境影响较小的可再生能源，而植物能提供该领域最有效的机制。引导你们的一定是这样的事实：地球的空气中每小时都会有与人类的需求等量的太阳能穿过。这的确没错，但这会造成对仿生学一个极大的误会，即对效率的误解。人们总认为，自然选择的结果是效率最高的成果，是极具竞争力的机制，能够排除竞争力较弱的元素，只生成最优解决方案，但事实并非如此。在模仿光合作用，并将其作为光伏发电的替代品之前，要郑重澄清一点，这一机制并不是绝对意义上的有效机制。

植物在适应不同气候和环境条件时，进行不同类型的光合作用。它们将太阳能转化为碳水化合物的平均转换率为 4%—6%，效率最高的植物是甘蔗，转换率可达 8%。我的客户很清楚，目前市场上商用的太阳光伏系统能将所接收能量的 15%—20% 转化为电能。所以他们听到我的话后撇了撇嘴，感到与他们最初的目标尚有距离。植物系统的损耗是分不同层次的：约 5% 的太阳能会被叶子的绿色素反射回去，约 50% 的太阳能或被直接退回，散发到红外线波段中，或被植物当做紫外线吸收。然而，紫外线对光合作用没有任何贡献。相反，过多的能量反而会阻碍细胞生命的正常运行。此外，由于光合系统无法吸收接收到的全部能量，有 7% 的能量会以热量的形式散发，25%—28% 的初始能量会用于电子传导机制，8%—12% 则在固定二氧化碳的过程中流失。

另外，植物中有一种酶，对于将叶绿素生成的电能转化为糖分中的化学能至关重要。但这种酶很容易将二氧化碳与氧气混淆，造成混乱，迫使植物不得不大量制造二氧化碳。尽管这样的情况重复不断，但植物终究形成了自我保护机制，即当光线过于强烈时，中断光合作用。许多植物还拥有能够过滤射线、调整其强度的物理构造和化学结构。这造成了植物理论上能够获得的能量，与其在田野或森林中实际获得的能量有一定误差，比如，一片玉米地能量转化率很难超过 2%。也就是说，即便将难以克服的复制光合作用整套设备的困难忽略，每 1000 千焦太阳能也只有约 50 千焦能以化学能的形式储存在植物的糖分中。我不知道照搬植物机制是否真能够达到预期效果。

如我所料，我的听众们纷纷向天空翻起白眼，"怎么会这样？你们的宣传册上明明写着植物和自然'在形态、策略、物质和动力学方面，有着超过 38 亿年的历史经验，能够游刃有余地处理各种不同的复杂处境'，现在您跟我们说植物生命中最著名也最重要的活动低效到令人无法接受？"我对他们的异议表示理解，并抓住机会向他们介绍另一个重点，这一点我跟植物聊了一整年才学到。

在为人类和植物担任翻译的几年前，我曾经常在两座城市之间奔波。每周五晚上我都会回家过周末，当时我面临一个两难选择：走高速可以节省一个多小时时间，走普通道路所需时间则要加倍。第一个选择听起来显然更好、更快，也更高效。然而，当我权衡了其他条件后，多年的经验告诉我，尽管理论上后者略逊于前者，但第二个选择其实更为合适。由于汽油消耗和通行费更高，所以走高速公路的平均花销更高，同时，还更容易遇到交通堵塞，尤其是周末。因此，理论所需时间与实际花费时间是不一定相符的。由于可能遇到一些不可控事件，路上所需时间总是难以确定，令人精神不安，且我也总是晚于预计时间到家。因为妈妈已经厌倦了等待，每次我都只好独自吃晚饭。普通道路不仅总里程较短，且整条线路十分通畅，不会因放假出现交通堵塞，因此可以保证我按时到家。虽然所需时间比走高速要长，但至少我精神是放松的。几周后，表面看来绝对效率较高、更有优势的选择被另外一个取代了。

我没有选择最优选项，而是基于折中原理，根据我的综合需求，做了更合适的选择。我不仅考虑到了时间，还将旅途、资源、环境状况和家庭等其他相关因素列入了考虑范围内。光合系统也基于同样的折中逻辑运行，它们虽然没有构成效率最高的机制，但却为整个植物系统提供了最平衡的方案，因为太阳能和化学能之间的转换衡量参数并不是唯一的。最初状态、叶片形状和颜色、光合作用的种类、曝光程度和范围、风的存在、生产成本和维护成本、保护自己不受捕食者侵犯的必要性，所有这些都是植物进行自然选择时要考虑的因素，对于人类的设计亦是如此。植物感兴趣的，是如何在所处的环境中生存，而不是追求自身某一部分的最高效率。它们正是在这种逻辑的基础上，衡量成本和收益之间的比率。这种方法并不总是合乎人类设计的需求，也不总是最优选择，但能促使人类在各个领域将植物赋予的启示最好地发挥出来。

如同制药、建筑等其他领域的所有仿生学灵感，光合作用也有所谓的"十项全能运动员悖论"。十项全能是田径运动中的一项竞技项目，同时包括多项竞技。因此，在这项项目中，真正的优势并非在某一单项中表现出色，而是在十个项目中拥有综合优势。例如，铅球和标枪投掷要求的运动才能与跳高或障碍跑所要求的截然相反，这意味着要放弃最佳优势（十项全能运动员在单独项目中总是会败给单项运动员），采取战略投机主义（一个十项全能运动员可能在某些项目中十分出色，但在其他项目中则较为弱势），利用折中原理发挥自身特点，从而在包含十项竞技的真正竞争中出类拔萃。要想向植物学习光合作用，或寻求普遍意义上的仿生学启示，就要了解这一点，要知道它们的系统虽复杂且有瑕疵，但却能完美平衡所有要素。换句话说，要懂得从植物系统中挖掘关键要素，并结合人类的智慧对其加以应用。因为这些要素不是解决方案，而是寻找解决方案的工具。

光与影

"我不想进一步打击你们，但你们的项目还有一个局限，就是很多人想法都一样。面对复杂情况和多种限制，你们的前辈选择将真正的光合作用抛诸脑后。"[1] 模仿光合作用这样的复杂生物机制并非不可能，只是需要明确一些要点，比如，需要具备一些能从光能中获得尽可能多能量并向几纳米外的目标对象输送大量电子的天线式分子。这一目标对象要收集电子，并利用能广泛应用的材料（如水）制造一种（类似葡萄糖的）燃料。由于无法复制植物光合作用的全部装置，我客户的竞争对手选择只使用重要零件，将光合作用转化为光催化作用，利用由光能转化来的电子进行水解，生成氧和氢。氢是一种极佳的化学能量储存器，对环境影响小，需要的时候可从环境中吸取热量或电，这突破了太阳光伏系统的一些局限。

"如果你们理解了我几分钟前给出的启示，就会明白光合作用

---

[1] 美国公司 Novomer 制造了一种催化剂，可以直接将二氧化碳吸收进塑料材料，尤其是聚氨酯中。塑料中约 50% 的碳以这种方式来自空气中的二氧化碳，这一过程被视为光合作用的一种形式。

中很重要的一项活动是水解，生成氧和氢离子，这能将叶绿素丢失的电子物归原主。上述类型的光催化作用，完美复制了真正光合作用的最初几步。"为了帮助我的客户跟上思路，我解释道，"并省掉了复杂的碳能量积累步骤，这项工作还是留给植物比较好"。

人工光合作用极度简化了自然光合作用，只用到适合人类需求的元素，使用的硅、钴、镍和水等材料也容易找到。根据上述原理制成的人造树叶是一种硅制光伏薄板，能够将光能转化为电流。电能一方面会被临近的以钴和磷为基础材料的薄板吸收，另一方面会被一层类似的由钼锌和镍构成的合金板吸收。当整个装置浸在水中或暴露于光照下时，两层薄板能在没有连接的情况下，分别催化产出氧离子和氢离子[1]。这一模型的效能约为5%，与真正的光合作用效率大致相似。但使用更为昂贵的材料进行的实验则达到12%，效能是原来的四倍。

尽管上述机制中自然元素较少，但由廉价材料间隔相同距离构成的系统，根据光合作用原理，将光能转化为电流，并在催化剂的作用下减少水分，其本质可谓是实实在在的仿生学。与太阳光伏系统类似的染料敏化太阳能电池（Dye-Sensitized Solar Cells, DSSC）也是一种仿生学技术，其主要原料是一层单分子的光敏染料。光敏

---

[1]　专攻这一技术的 Sun Catalytix 公司近期被强势的洛克希德·马丁公司收购。尽管前途光明，但要用这一技术制成商用产品，还有很长的路要走。

染料能够吸收光能，向二氧化钛电解质传导电子，直到在回路中形成电势差。最初的染料敏化太阳能电池是由透明玻璃晶元构成的，晶元中紧密排列着电解质纳米晶体和由钌等稀有金属制成的染料。阳光穿过玻璃，刺激染料中的电子；电子继而被二氧化钛吸收，并被转化为比光合作用中更强的电流；电流随后被立即投入应用，或者传输到电网中。理论上，染料敏化太阳能电池的能量转化效率能达到 11%，虽然目前实际只能达到 3%—5%。但其成本比光伏板更低，使用灵活性也更强。[1]

前面介绍的人造树叶如同纺织品，表面可以弯曲成弓形，纵向上也可以按照房屋方向折叠。此外，染料敏化太阳能电池在保证同样能量转化效率的同时，应用范围更广，可以用于有一半阴影的地方，甚至室内。最初使用的染料是用稀有矿物制成的，价格极为昂贵，而这便是我的客户能在植物的帮助下予以改善的部分。是时候展示成果，注入一点儿乐观气氛了。我告诉公司代表，尽管现在起步有点晚，已经有其他公司涉足该领域，但目前技术还完全不成熟，对于有胆识的企业来说，绝不缺乏植物留下的"波利奇诺的小

---

[1] 专门生产染料敏化太阳能电池的澳大利亚上市公司 Dyesol，已经制造出能量转化率约 15% 的产品。美国近期也成立了一处专门针对这一项目的中心——人工光合作用联合中心（Joint Center for Artificial Photosynthesis）。

石子"[1]。听到这，他们重新受到鼓舞。

　　植物留下的"波利奇诺的小石子"有很多。比如，染料敏化太阳能电池中吸收太阳能、制造电能的染料需要具备一些关键性能，其中包括耐热，能够吸收尽可能宽泛的光谱，以及在保持自身结构不变的前提下，迅速向二氧化钛传导电子。当然，这些染料的成本还得比当前投入实验的材料要低。大自然为想要实现这一目标的人提供了大量染料：其中一些较为复杂，包含硫杆菌的绿色体[2]、蓝菌门的藻胆体、菌紫红质或细菌叶绿素等蛋白质；另一些使用起来则较为方便，如花朵和水果中的色素。此外，要想制成染料敏化太阳能电池，只具备吸收光能的能力是不够的，还要具备能够将吸收的光能转化为电能而非热能的分子，否则我们想要运行的机制是无法奏效的。

　　"为了更好地了解事实，我采访了高节沿阶草（Ophiopogon planiscapus）。这是一种观赏植物，最为人所知的外形一种是绿色的，另一种由于具有丰富而集中的花青素，呈近似黑色的深紫色。"我向那些从失望中重新振作起来的客户讲解道。与深色品种相比，阳

----

[1]　来自夏尔·佩罗的童话故事《波利奇诺》，故事讲述了一对穷苦夫妇由于过于贫困，无法养活7个儿子，于是决定将他们丢弃在森林中。小儿子波利奇诺偶然间听到父母的对话，便在口袋里装满小石子。第二天，当父母找借口领他们走进森林的时候，波利奇诺一路丢石子做标记，最终凭借留下的记号带领其他6个兄弟回到家里。——译者注

[2]　绿色体（Clorosome），一种光合天线复合物，存在于绿色硫细菌和一些绿色丝状无氧光养生物中。——译者注

光充足时，绿色品种在开始阶段的光合作用更旺盛一些，速度之快堪比野兔。光线过强时，速度便会略降下来，并启动自我保护机制。深色品种光合作用速度虽然较慢，但也更为规律。随着时间增加，会逐渐达到与绿色品种相当的水平。这种叶子的黑紫色素并不参与光合作用，吸收的能量也不会传递给叶绿素，而是通过减缓光合系统的饱和程度，为深色植物提供进一步的保护。但如同我周末前的高速旅行一样，这一优势也应当被视为附属优势。比如，大量生产这种附属分子的成本是不容小觑的：减少根部葡萄糖和淀粉的储存需要碳，生产酶，建立专门的装配线以及积累装配线上的物质需要能量。正常状况下，两种选择对于高节沿阶草来说几乎是一样的。然而，这并不是我的听众感兴趣的内容。事实上，尽管黑色植物理论上能够利用全部光能，但如果色素与光合作用系统不相连，吸收的能量也就无法应用到资源生产中，而是通过其他途径流失。花青素捕捉能量正是为了将其消散，避免它对光合机制造成损害。

　　包括某些黄酮类化合物在内的一些化合物，通过启动自己的电子展开活动。电子能够被二氧化钛半导体轻松捕捉，继而形成电流。三大类化合物具有这种属性，它们分别是叶绿素、类黄酮花青素（Antociani-flavonoidi）和甜菜色素（Betalaine）。甜菜色素是红萝卜和梨果仙人掌中的一种可溶于水的含氮色素，是这三类化合物中最稳定的一种。若使用其未加工的汁液，转化能量效率为2%，叶绿素的表现则相对较弱。"你们可以将投资用于寻找最靠谱的植物色素及其完善工作上。由植物的化学启示可知，它们这种策略同样可以用于制药领域。"[1] 为了激发客人的积极情绪，我继续说道。

为了提高效率，高山植物中欧山松（Pinus mugo）还指明了另一条可行道路。这种植物叶子上的蜡质膜有一种简易装置，可以回收太阳能中的紫外线。如果没有这一装置，紫外线不仅会散失，还会对植物造成伤害。这层保护膜中能分离出一种具有特殊荧光性的分子，它能吸收紫外线及其能量，并将其散发到蓝光谱中。这种方式可谓一举两得，因为不仅底层细胞能得到保护，且蓝光可以被光合作用系统吸收，并转化为化学能。除了预防紫外线造成材料老化，一个简单的分子还能够提高任何一个转化机制的效率，并提高光线较弱区域的太阳板的效率。

我采访的另外一些对象是一类热爱阴暗环境的植物。它们能为我们提供策略，帮助我们在光线较弱的地方完善人工光合技术，或帮助我们解决太阳能的一大局限，即对土地的使用。我们之前描述的人造树叶的优势正在于其无须占用土地，并且能应用于建筑或树状物等垂直结构中，在缺乏光线，或者只有反射光的条件下，也能产出电能。根据最高效率的假定规则，这些叶片应当全部相同，且

---

[1]　近十年来，该领域出现了很多专利。其中一些，比如专利号为 WO2010044122A1 的成果就是意大利研究者申请的。

呈扁平状，像太阳板一样排列，以尽可能加大光接触面。然而，为了适应进化十项全能，每一种植物都有自己的形状、外观和光合作用类型，以将所有变量最优结合。

　　某些情况下，如果只考虑绝对效率，表面的浪费其实隐藏着不易察觉的辅助优势。在我的明确要求下，一些灌木植物承认它们会合成比正常需要更多的叶绿素，以遮蔽比它们更矮的竞争者，其中一种叫做龟背竹（Monstera deliciosa）。从长远看，在灌木丛这种特殊生长条件下，龟背竹有孔的大叶片比那些结构统一且没有孔的竞争对手能够捕捉更多的光线。它的椭圆形叶片可长达一米，但却如同桑加洛的钩针编织品一样镂空多孔，或有着镰刀状的宽大切口。表面上看，光合作用面积损失是不利的，但在雨林底层，这种折中方式却能从其他方面得到回馈。龟背竹能利用森林中因枝叶运动从缝隙中穿过的光线，这些光线大概比高处树木所能获得光线总量的1% 还要少。尽管有孔叶片与太阳光板有所差异，但其总表面积更大，所以比起排列紧密、不透气且表面积一致的叶片，龟背竹叶片能够拦截更多从高处撒下的移动光线。太阳能的收集量不仅取决于能量转化机制的效率，也取决于拦截光线的数量。后者受多种因素影响，例如总表面积、位置和倾斜度，生产和维护成本，土地成本等。对于植物如此，对人工光合作用亦是如此。

　　"我再向你们建议另外一个切入点，这一点真的鲜为人知。"说罢，我便开始介绍光合作用效率和树叶结构的关系。利用这一关系，可以设计出减少光伏系统对环境影响的策略和新的几何形状。植物比我们更早应对的另一个关于完善光合作用的问题，正是空间问题。不管是在森林中，还是在土地上，空间都是必争的项目。植物彼此之间竞争空间，而我们人类则要考虑土地成本、光伏系统占用森林和农业土地问题。植物通过调整叶片的布局，解决了上述问题。它们不再使叶片与光线完全垂直，而是根据一定角度调整叶片位置，尤其是木本植物的树叶布局，增加了其总曝光面积。正因此，几乎所有树木的簇叶都不会呈扁平的大伞状，而是呈高处叶片倾斜、低处叶片较平的布局。如此，便可避免高处叶片遮挡阳光，增加能够抵达低处叶片的反射光线。相比扁平结构，这种结构能多接收 45% 的光线。这是十项全能运动员悖论的又一典例，因为每种植物都会按照自己熟悉的条件，寻找相应方案。这意味着，在某一方面也许能达到最佳状态，在另一方面则有可能遇到问题。例如，某些植物也许在叶片布局方面尽善尽美，却对叶子形态和倾斜度有所不利，而另一些有可能恰好相反。

这对我们人类来说却是有利的，因为我们可以将两个特点结合，就像"塑造"一个具备不同运动员优势的十项全能运动员。例如，关于表面面积问题，可以利用灌木植物叶片布局的推算，计算出面板尺寸、倾斜度以及在立柱或分支结构上分布的最佳组合，从而得到比纯扁平结构更大的光合作用面积。还有一些启示来自一株普通的西红柿和一种不常见的植物，这种植物俗称美国探路者（Adenocaulon bicolor）。它们的叶序，也就是茎干周边叶片的布局，同叶片的倾斜度一起，使植物在两个要素上达到最佳状态，它们分别是叶片上的水分停滞情况和光合作用区的活跃性。

据核查，腺梗菜属植物（Adenocaulon）中，呈螺旋形排列的叶片之间的角度（angolo di divergenza）是有规律的，自下而上呈黄金角度137.5度，这使整根茎上的所有叶子都能获得最大的曝光面积。任何数学家都可以轻易算出这一数字，但在毕达哥拉斯和泰勒斯以前的年代，它就已经出现在植物中了，后来人类的介入使其进一步精细化。人类根据数学模型，对西红柿叶序和叶片倾斜度进行了改善，使吸收的光能增加了约10%。染料敏化太阳能电池可用于生产人造树叶，它的组成成分保证了它的灵活性，使它能够轻易弯曲，或变形成其他适当形状，从而改善光合作用面积和土地消耗之间的关系。[1] 客户的表情我已见怪不怪了，他们临告别时说："这一切真的很有趣，也很振奋人心。我们本以为向植物学习创新会比这简单直接得多。"

---

[1] Solar Ivy 是一种基于光伏系统和压电效应的人造金属板机制，用来在建筑墙壁上生产能量，由一些布局和灵活性类似常春藤的小金属板构成。专利 WO2012114364A1 就试图利用染料敏化太阳能电池生产类似的产品。

总　结

魔法学徒的应得假期

经过整整一年的工作，我完成了9个项目。老板很满意，准我休息一段时间。虽说是应得的假期，但我仍有工作要做。我打算利用这段时间，把之前混乱日子中搁置和未完成的想法梳理成形。我坐在山中房屋的阳台上，看着眼前为我提供经济来源的森林。树木、草、灌木、蕨类植物、苔藓植物和藻类植物持续为我工作，即使在我观察它们的时候，它们也在检验自己的形态、作用和策略。它们不停地摇晃树枝、播撒花粉和传递基因，我总结出了在植物身上学到的第一课：自然界的解决方案并不是一劳永逸的，它既不能提供永久性的理念，也不是永恒的保障。

植物采用的解决办法没有哪一种是终极方案，我要努力从未来客户的脑海中根除这一观念。我会告诉他们，如果你们真的要模仿大自然解决问题的方式，就立刻忘掉"终极方案"这个词。你们要知道，任何生存障碍、疾病、天敌，或某种成分的缺乏，都会像令人厌烦的旧日鬼魂重新出现，这时就得重新投入工作。既然已说到这一点，那我会进一步声明，向植物学习创新不能包治百病，植物也不是万能百科全书，它们所能提供的答案只是可取的方案之一，并不一定总是最好的。另一点告诫是，你们不要认为自然是智慧的、仁慈的，也不要认为它们的技术成果像熟苹果，等着我们去采摘。更不要以为它们的解决方案是为我们人类着想，或为整个人类社会的健康发展而设计。

我从植物身上学到的是，在仿生学中，只有极少的案例直接将大自然的工序、形态和结构原封不动地投入人类应用。人类几乎总要在理解生物学模型的基础上进行介入，根据自己的需求加以改进，或者使其在生产环境中切实可行，正如制药、透气面料和人工光合作用的案例中展示的那样。从这个意义上来说，我们寻求的是灵感和启示，而非解决方案。植物只拥有适合它们自身生长的形态和策略，并会根据具体的环境和地理条件进行完善，压根不会考虑要一次性彻底解决某一问题。恰恰相反，由于植物的生长环境和竞争对手也会不断改变，对植物进行反攻和控制，所以植物要被迫不断进行适应性变化。例如，使用挥发性物质吸引捕食者，或利用红色叶片或白色叶片来玩捉迷藏游戏。

然而，很多客人上门来找我，都是带着淘金者的掠夺精神，企图寻找一种不寻常的装置，抑或一个决定性的天才方案。他们妄图索取想要的东西而不去了解，忘记了自己是动态环境中的一部分。而在这一动态环境中，最重要的事情就是时刻准备好去理解、去推断、去重新规划和完善，要完完全全地按照这一顺序实行。

　　放假回去以后，我会进一步解释说明，除了一些具体方案的启示，我们还需总结、学习大自然的工作方式。由于有不断进化的能力，大自然就像是一位工程师，我们不仅可以向它咨询如何获得新工具或新材料，还可以向它请教如何破解和适应进化，以便用革新植物的逻辑，完善整个人类生活机制，将一系列奇闻逸事和基本观念转化为可持续增长的模型指南。

　　要想从植物那儿"钓"到创新方案，只收回钓鱼竿、钓鱼线、鱼钩和渔网是不够的，还要学会钓鱼的技巧。想要借助我跟植物间的心灵感应，从人类的行为模范——大自然中获取灵感的人，也应当知道这一点：植物的确绽放灵感和启示之花，但更重要的是，我们要让自己拥有更多选择的可能性。这些选择可以是自然的启示，也可以纯粹是人类自己的想法和技术。因情绪预设，先验地排除掉一种可能性，且不考察其在相关领域的风险利润关系，这种做法是不符合大自然逻辑的。因为植物的任何一种适应性变化，都是基于结果和成本的平衡，以及对时机和条件的把握。

　　为了取得这样的成果，植物不会进行180度大转变和革命性创新，也不会逆转我们人类将其视为守护神的现状，而是在尽可能宽的领域、尽可能多的变量和差异基础上，发展自己的形态和功能；在不同生物个体的帮助下，逐步进行实验，直到找出最合适的方案。不存在地方守护神，有的只是持久的实地实验。植物并不是天才，正相反，它们是破坏行家。它们从不专注于唯一的解决方案，而总是将发展与成长结合，完善而非扰乱自身拥有的东西，以此降低材料、设计和制造成本。

明年的工作中我还要注意，只有当具有多种应用时，单一的想法才有意义，仙人掌的刺和叶子的花青素就是典型案例。要想有效解决某一问题，就需要一些既趋同又不同的方案，从空气中收集水分的机制证明了这一点。

脚下森林中的树木不停摇晃着，它们这种催眠式运动，使另外一些想法浮现在我脑海中。一些人认为，在成长的过程中，我们会逐渐变成童年所读书籍中人物形象的样子。在还不懂得如何读取植物思维的时候，我曾痴迷于一本书，这本书现在就放在我身旁的小桌子上。书中讲述的是一个少年逃入山中，并在其中生活的历险故事。他通过模仿和使用植物与动物的一些策略生存，跟它们讲话，学习它们形态的功能和解决问题的方式。

关于书中那些年轻懒汉式的生存技巧，以及附带的关于可持续发展的知识，我一点也不记得，即便我刚刚重读了一遍也还是如此。

重读此书是因为我要在里面寻找引用的一些有用化学成分，能够满足人类需求的植物结构，以及一些可以通过模仿自然加以应用的、对环境影响较小的行为方案。但我清楚地记得我第一次亲身体会到亲生命性 [1]（Biofilia）时的激动，那是一种当我们置身于茂密的森林之中，在书本、卖花者或者仿生创新设计之外的地方，感受到植物的存在时，负责调解情绪的边缘系统所产生的、令人愉悦的迷醉感。

大概是由于对植物的热爱，我开始越来越了解植物，直到成为植物世界的所罗门王。一些书上称所罗门王"能够跟四足动物、鸟类、鱼类和虫子等对话"，我则是利用自身天赋、向技术服务领域出售创意的所罗门王。技术是当今获得优质生活的制胜法宝，但技术的应用渐渐呈现出一些局限性，人们对技术不加注意的使用，正在使我赖以工作、人类赖以生存的根基逐渐消失。

告别之前，我的老板带着他对自然的情感和对技术的热爱，跟我分享了他对于即将到来的植物史上第六次大灭绝的担忧。当前植物的灭绝速度，是不久前的114倍。对我的植物研究和特殊翻译工作来说，一个物种的灭绝，意味着热爱自然的我失去了一个可以探究的朋友，同时，热爱技术的我也损失了一个灵感来源。每一种植

---

[1] 亲生命假说主张人类有种亲近自然世界的本能，由爱德华·威尔森（Edward Osborne Wilson）在他的著作《亲生命性》中提出。书中定义亲生命性为"与其他生命形式相接触的欲望"。——译者注

物的离开，都是沉睡的灵感在消失。同时也降低了以差异化为基础的自然系统的效率，而这不仅仅是我个人工作的损失。尽管与企业预算、国内生产总值和地球经济指标关系不大，但植物赋予我们的启示，与生态系统服务、水分供应、空气、传粉、自然灾害的预防等一系列要素同等重要。

我闭上眼睛，在专利、发明和几近实现的模仿品出现之前，我脑海中浮现的是缤纷的彩虹色，是外观形似鹭的花朵，是对于裂开果实的好奇，是在树林中寻找灵感时散步的场景，是植物外皮的微观结构，是观察寄生植物时的脊背发凉。我重新睁开眼睛，看到了一个将自然的才华和意义霸道地与人类应用捆绑在一起的世界，我的职业生活正被深深包裹其中。在这个世界中，植物们要不停地展示自己的用途，以及它们在材料环保性和商业方面明确、直接的优势，保证能够为人类提供适当的技术贡献。仿佛它们在地球上的存在，只是为了满足人类需求而已。

我要告诉未来客户的，不是如何"向植物学习创新"，而是从对植物的情感中抽身出来，真正帮助我们理解它们，要知道，真正能从中获得创意灵感的，是冷静的眼光和头脑。在对自然的热爱和对技术的热情之间找到平衡，才是仿生学未来的发展道路。要通过模仿自然的方式，顺着这条路前行，就意味着在做选择之前，先去了解并尝试。

附　录

表一：植物术语列表 [1]

Abies balsamea	胶冷杉
Acero	枫树
Acetosella	白花酢浆草
Adenocaulon	腺梗菜属植物
Adenocaulon bicolor	美国探路者
Aechmea distichantha	白花齿叶凤梨
Aglaonema brevispathum	粗肋草
Ailanto	臭椿
Aizoaceae	番杏科
Alnus glutinosa	欧洲桤木
Amamelide	美洲金缕梅
Amaranthus palmeri	苋菜
Ananas	菠萝
Anice	茴香
Antirrhinum majus	金鱼草

---

[1]　注：斜体为植物意大利语名称，其余为植物拉丁语学名。

Arabidopsis thaliana	拟南芥
Arceuthobium americanum	美洲矮槲寄生
Arceuthobium divaricatum	松矮槲寄生
Aristolochia macrophylla	大叶马兜铃
Aristolochia rotunda	圆马兜铃
Aristolochia	马兜铃
Armillaria bulbosa	蜜环菌
Artemisia tridentata	艾蒿
Aspidistre	蜘蛛抱蛋
Astragalus	黄芪
Astridia	鹿角海棠
Aulacomnium turgidum	大皱蒴藓
Avicenna officinalis	白骨壤
Bardana /Arctium lappa	牛蒡
Bauhinia purpurea	羊蹄甲
Benincasa hispida	冬瓜
Bertolonia	华贵草
Betula pubescens	毛桦
Boraginaceae	紫草科
Brassica oleracea	甘蓝
Brassica rapa	芸薹
Brassicacea	十字花科
Bromeliacee	凤梨科

Citrus Medica	香橼
Citrus Reticulata	橘子
Cactus	仙人掌
Calendula	金盏花
Camelina sativa	亚麻荠
Camomilla	黄春菊
Campanula	风铃草属
Canavalia gladiata	红刀豆
Canna generalis	美人蕉
Cannabis	大麻
Cardamine parviflora	小花碎米荠
Cardiospermum halicacabum	倒地铃
Carpino	鹅耳枥
Catharanthus	长春花属
Cavolfiore	菜花
Cephalanthera rubra	红花头蕊兰
Cephalophyllum	银鱼
Ceriops tagal	角果木
Chlorophytum elatum	吊兰
Chorisodontium aciphyllum	针叶离齿藓
Cipolla	洋葱
Citrus maxima/*pomelo*	柚
Cobaea scandens	电灯花

Coleus	薄荷科
Colocasia esculenta	芋头
Conifera	松科
Convolvolo	旋花属
Cornus canadensis	加拿大草茱萸
Cotinus coggyria	黄栌
Cotinus	黄栌属
Cotula fallax	球叶山芫荽
Crassula portulacea	青锁龙
Crossandra infundibuliformis	鸟尾花
Croton capitatus	毛巴豆
Cyamopsis tetragonoloba	瓜尔豆
Dature arboree	木本曼陀罗
Dichanthelium	渐尖二型花
Dracena	龙血树
Echinochloa phyllopogon	水稗
Edera	洋常春藤
Elaeocarpus angustifolius	球果杜英
Epipactis purpurea	紫色火烧兰
Equisetum arvense	问荆
Equisetum hyemale	木贼
Erodium cicutarium	芹叶牻牛儿苗
Eucalipto	蓝桉树

Eucalyptus pleurocarpa	桉树
Euforbiacee	大戟科
Euphorbia boetica	博埃蒂大戟（音译）
Euphorbia characias	轮花大戟
Euphorbia myrsinites	番樱桃大戟
Faggio	山毛榉
Fagiolo	豆类
Faidherbia albida	白相思树
Fatsia japonica	八角金盘
Fava	蚕豆
Felce	蕨类
Festuca arundinacea	苇状羊茅
Ficus elastica	印度榕
Gelsemium sempervirens	金钩吻
Geranio	老鹳草
Glottiphyllum linguiforme	宝绿
Gorteria diffusa	南非雏菊
Gossypium hirsutum	陆地棉
Guaranà	瓜拿纳
Helianthemum squamatum	半日花
Hura crepitans	响盒子
Hydnora africana	非洲白鹭花
Hyptis pauliana	山香

Hyptis	山香属
Illicium	八角
Impatiens capensis	凤仙花
Iris atropurpurea	鸢尾花
Kenzia	棕榈科
Larix decidua	欧洲落叶松
Lavandula	薰衣草
Lollium perenne	多年生黑麦草
Lomatia tasmanica	金氏山龙眼
Maclura pomifera	桑橙
Mais	玉米
Mangrovia	红树属
Mangrovia	红树属植物
Marcgravia evenia	蜜囊花科
Medicago truncatula	蒺藜状苜蓿
Menta	薄荷
Mentzelia lindleyi	金色巴托尼亚
Mesembrianthemum	龙须海棠
Mesembryanthemum crystallinum	冰叶日中花
Mimosa pudica	含羞草
Monstera deliciosa	龟背竹
Muschio	苔藓
Myrothamnus flabellifolia	密罗木

Nandina domestica	南天竹
Nelumbo nucifera	荷花
Nepenthes rafflesiana	莱佛士猪笼草
Nepenthes	猪笼草
Nephrolepsis exaltata	波士顿肾蕨
Nicotiana attenuata	土狼烟草
Nuytsia floribunda	澳洲圣诞树
Olmo	榆树
Ophiopogon planiscapus	高节沿阶草
Opuntia ficus–indica	梨果仙人掌
Opuntia microdasys	黄毛仙人掌
Orzo	大麦
Oxalis	酢浆草属
Pachira aquatica	马拉巴栗
Palma	棕榈
Pelargonium domesticum	天竺葵
Petunia	矮牵牛
Phaseolus lunatus	利马豆
Phoenix dactylifera	枣椰
Phoenix roebelenii	江边刺葵
Photinia	石楠属
Picea glauca	白云杉
Picea orientalis	东方云杉

Pinacee	松科
Pino	松树
Pinus mugo	中欧山松
Pinus mugo	中欧山松
Pinus radiata	辐射松
Pinus strobus	北美乔松
Pinus sylvestris	欧洲赤松
Pioppo	杨树
Poa ampla	巨早熟禾
Podocarpacee	罗汉松科
Pollia condensata	康登萨塔
Pompelmo	葡萄柚
Populus deltoides	美洲黑杨
Populus tremuloides	美洲山杨
Posidonia oceanica	大洋海神草
Pothos	石柑属
Prunus cerasifera	樱桃李
Prunus	李树
Quercia	栎树
Regnellidium diphyllum	雷公藤
Rhapis excelsa	棕竹
Rheum palestinum	沙朗大黄
Ricino	蓖麻

Riso	水稻
Robinia	洋槐
Robinia pseudoacacia	刺槐
Rododendro	杜鹃花
Ruellia devosiana	巴西野生矮牵牛花
Saccharum officinarum	秀贵甘蔗
Salice	柳树
Salix eriocarpa	长柱柳
Salvinia molesta	人厌槐叶苹
Sarracenia	瓶子草
Scindapsus aureus	藤芋
Sclerocactus	硬仙人掌属
Secale cereale	黑麦
Selaginella lepidophylla	鳞叶卷柏
Selaginella willdenowii	藤卷柏
Sempervivum tectorum	佛座莲
Senecio	黄菀属植物
Serenoa repens	锯叶棕
Setcreasea purpurea	紫锦草
Sfagno	泥炭藓
Silene stenophylla	狭叶蝇子草
Sorghum halepense	石茅
Sorgo	高粱

Spathiphyllum	白鹤芋
Sphagnum	泥炭藓属
Stipagrostis sabulicola	纳米比亚针禾
Strelitzia reginae	鹤望兰
Syngonium podophyllum	合果芋
Syringa vulgaris	欧丁香
Tabacco	烟草
Tarassaco	西洋蒲公英
Tetraberlinia moreliana	苏木
Tillandsia recurvata	球苔藓
Tillandsia usneoides	西班牙苔藓
Tillandsia	铁兰属
Tragopogon orientalis	黄花婆罗门参
Tropaeolum majus	金莲花
Typha palustris	沼泽香蒲
Verbasco	毛芯花
Verbena odorosa	芳香马鞭草
Vicia sativa	箭筈豌豆
Victoria amazonica	亚马逊王莲
Vinca major	蔓长春花属
Vischio	槲寄生
Vitis vinifera	酿酒葡萄
Washingtonia robusta	大丝葵

表二：未译植物名称 [1]

Delarbrea michiana

Danaea nodosa

Trichomanes elegans

Diplazium tomentosum

Oncidium hyphaematicum

Oncidium planilabre

Mucuna holtonii

Ephedra foeminea

Iriartea deldoidea

Carex curvula

---

[1]　由于下列植物暂时没有对应中文名称，因此书中保留了学名供读者参考。